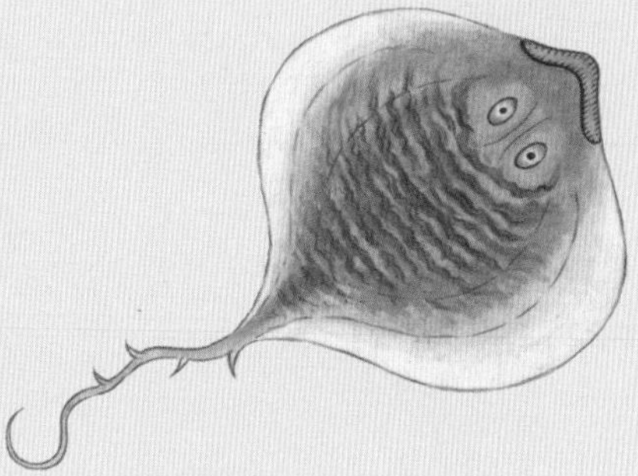

海錯圖

·譯注·

叁

〔清〕聂璜——著
刘斌——译注

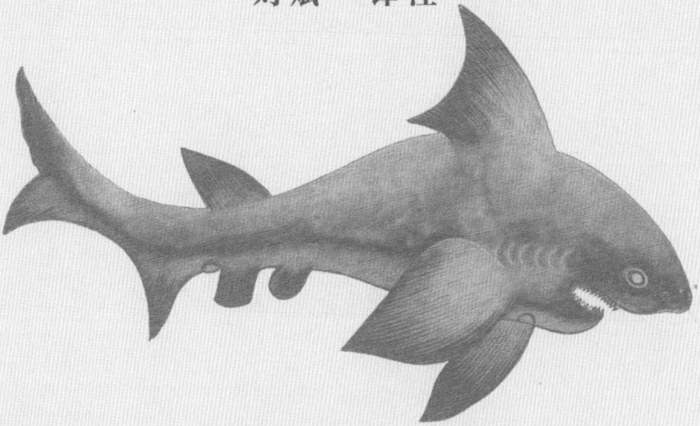

天津出版传媒集团
天津人民出版社

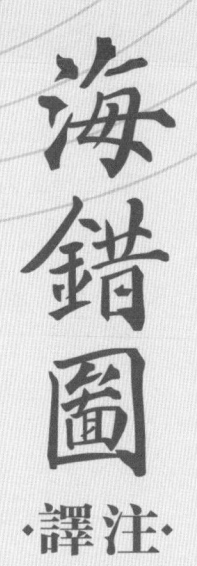

云

乾隆御覽之寶

云鷄烏化烏賊又安知烏賊之不化鷄烏乎況形與色兩肖乎因得耶田鼠化為駕之說參觀之矣素問曰駕鶉也本草云四月以前未堪食是蝦蟇所化愚按蝦蟇與鵪鶉形色絶相似楊文公談苑載至道二年夏秋間京師鬻鶉者皆以大車載入時多霖雨絶無蛙鳴人有得于水間者半為鶉半為蛙古人目擊如此又顏友謝芹菴云向客山海關有莎雞夏末大盛五色而狗脚其味甚美亦云為蛙所變陸地變化之物人易辨而易知者歷歷如此海中變化之魚無人不及見則不易信豈止一墨魚也耶

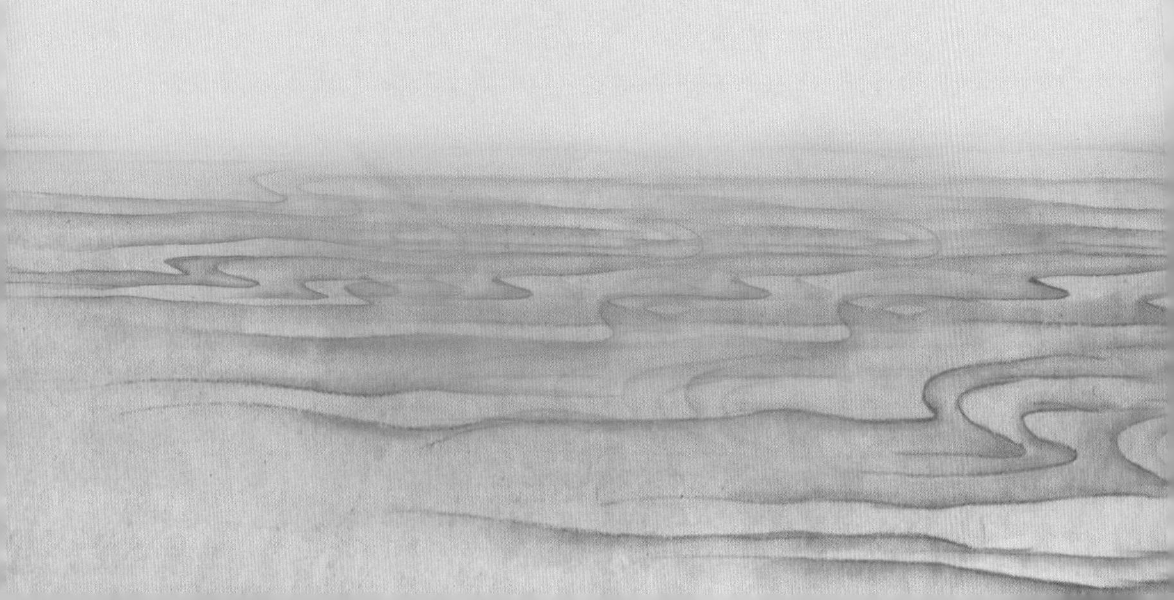

本草云烏賊魚一曰是鷁烏所化今其口脚猶存頗相似故名烏賊然予遊閩之海濱見烏賊寔卵生初出者名墨斗疑鷁烏所化之說為未確考字彙云鷁烏狀似鷗水鳥也及覩烏賊魚啄果如烏嘴但以韋然之啄亦然猶未信也更嘗詢之漁人云烏賊產南海大洋以三四月至散卵于海崎五六月散歸南海小烏賊亦隨之而去至秋冬則無矣且畏雷聲多雷則烏賊少又云其墨能吐能收宜自有理蓋烏賊微軀懷墨有限苟能吐而不能收安得幾許松烟為大海作墨池乎又云其背骨輕浮名海螵蛸者非因烹而食者剖存而得名也墨魚散後尸解其肉不知作何變化其背骨往往浮出海上故曰海螵蛸墨魚歲歲化去故無老而巨者予聞其說嘆烏賊變化特無人見耳據古人

鷁烏化墨魚贊

烏化墨魚兩物皆黑

誠中形外不離本色

鵜乌化墨鱼

鵜乌化墨鱼赞：乌化墨鱼，两物皆黑。诚中形外，不离本色。

《本草》云：乌贼鱼，一曰是鵜乌[1]所化，今其口脚犹存，颇相似，故名“乌贼”。然予游闽之海滨，见乌贼实卵生，初出者名“墨斗”，疑鵜乌所化之说为未确。考《字汇》云：“鵜乌，状似鵁[2]，水鸟也。”及睹乌贼鱼啄，果如鸟嘴，但以章然[3]之啄亦然，犹未信也。更尝询之渔人，云乌贼产南海大洋，以三四月至，散卵于海崎[4]，五六月散归南海，小乌贼亦随之而去，至秋冬则无矣，且畏雷声，多雷则乌贼少。又云其墨能吐能收，宜自有理。盖乌贼微躯，怀墨有限，苟能吐而不能收，安得几许松烟[5]为大海作墨池乎？又云其背骨轻浮，名“海螵蛸”者，非因烹而食者剖存而得名也。墨鱼散后尸解[6]，其肉不知作何变化，其背骨往往浮出海上，故曰“海螵蛸”。墨鱼岁岁化去[7]，故无老而巨者。予闻其说，叹乌贼变化特无人见耳。据古人云：鵜乌化乌贼，又安知乌贼之不化鵜乌乎？况形与色两肖，予因得耶！田鼠化为鴽[8]之说参观之矣。《素问》曰：“鴽，鹑也。”《本草》云：四月以前未堪食，是虾蟆[9]所化。愚按：虾蟆与鹌鹑形色绝相似。《杨文公谈苑》载：至道二年[10]夏秋间，京师[11]鬻鹑者皆以大车载入。时多霖雨，绝无蛙鸣。人有得于水间者，半为鹑半为蛙。古人目击如此。又，赣友谢芹庵云：向客山海关，有莎鸡[12]，夏末大盛，五色而狗脚，其味甚美，亦云为蛙所变。陆地变化之物，人易辨而易知者历历如此，海中变化之鱼虫，人不及见则不易信，岂止一墨鱼也耶？

[1] 鸔乌：《海错图》此处作“鸔乌”，其余地方均作“鸔乌”，据文意统一改为“鸔乌”。[2] 鶂（yì）：古同“鷁”。[3] 章然：明显。[4] 海崎：弯曲的海岸。[5] 松烟：松木燃烧后所凝之黑灰，是制松烟墨的原料。这里用来代指墨。[6] 尸解：本是道教认为道士得道后可遗弃肉体而仙去，或不留遗体，只假托一物（如衣服、宝剑等）遗世而升天。这里是死后尸体分解的意思。[7] 岁岁化去：年年都死去。这里指的是当年就死去。[8] 鴽：音rú。[9] 虾（há）蟆：即蛤蟆。[10] 至道二年：公元996年。“至道”是宋太宗赵炅（jiǒng）的最后一个年号。[11] 京师：指北宋的都城开封。[12] 莎（suō）鸡：即蝈蝈。又名络纬、螽（zhōng）斯，俗称纺织娘、络丝娘。

｜译文｜

《本草》里说：乌贼鱼，一说是鸔乌所变，现在它的嘴和脚还存在，颇为相似，所以名叫“乌贼”。然而我游历福建的海滨，见到乌贼其实是卵生的，刚出生的叫“墨斗”，我怀疑乌贼为鸔乌所变的说法是假的。考查《字汇》里说：“鸔乌，样子像鷁，是水鸟。”等我见到乌贼鱼的嘴，发现果然像鸟嘴，仅仅因为这个嘴像鸟嘴，尚且不足信。再向渔夫请教，渔夫说：乌贼产在南海大洋，于三四月的时候来此，在曲折的海岸上产卵，五六月散归南海，小乌贼也随它而去，到了秋冬两季就没有了。而且乌贼害怕雷声，打雷多乌贼就少。又说它的墨能吐能收，应该自有它的道理。大概乌贼小小的身躯，肚子里存的墨有限，假如能吐而不能收，那得有多少松烟墨才能把大海变成墨池？还说它的背骨轻浮，名叫“海螵蛸”，不是因为食客剖开存留背骨而得名。只因墨鱼死后尸体分解了，它的肉不知所踪，只留背骨漂浮于海面，所以叫“海螵蛸”。墨鱼都是当年就死去，所以没有年长而体形巨大的。我听到这个说法，感叹乌贼的变化只是没有人见到而已。据古人说：鸔乌能变成乌贼，又怎么知道乌贼不会变成鸔乌呢？何况它们的外形和颜色都相似，我于是明白了！田鼠变成鴽鸟的说法可作为佐证。《素问》里说：“鴽，是鹌鹑。”《本草》里说：鹌鹑四月以前不能食用，是蛤蟆变的。愚按：蛤蟆与鹌鹑的外形和颜色非常相似。《杨文公谈苑》里记载：至道二年夏秋间，京城里卖鹌鹑的都用大车载入。当时雨水多，绝没有蛙鸣。有人在水边捉住这种东西，半是鹌鹑半是青蛙。这是古人亲眼所见。又，江西的朋友谢芹庵说：过去客居山海关，夏末的时候莎鸡非常多，它的身体五色而长着狗脚，味道非常美，据说也是青蛙变的。陆地上变化的东西人们眼见为实，容易辨别，是这么清晰，海中变化的鱼虫，人们未能亲眼见到，自然就不轻易相信了。岂止一个墨鱼如此呢？

蛇鱼化海鸥

蛇鱼化海鸥赞：羽虫始末，自雉至鸥。鸥属卵生，今从化求。

蜾虫[1]尽则继以羽虫。海鸥，羽虫，体白色，数百为群。《汇苑》云：多在涨海[2]中随潮上下，常以三月风至乃还洲屿。《诗·大雅》“凫鹥在泾[3]”。诗注云：“鹥，即鸥也，似白鸽而群飞。凫好没，鸥好浮。”考诸书[4]，原无蛇鱼化鸥之说。康熙辛未[5]六月，闽中连江有渔叟海洋捕鱼，网中得一圆蛇，如卵而甚大且白。归家剖之，则一半变成海鸥矣。以示乡里，莫不惊异。王允周亲见，与予述其状，得图之。夫鹍[6]之化鹏，庄子未尝亲见，得其变化之意，可以为文。疑其事之涉于诞者曰“寓言”。乃今而实有蛇化为鸥之异，则鹍之能为鹏亦不尽诬也。况乎老蚕之茧而蛾，橘虫之茧而蝶，皆自无翼而变为有翼者也。远者、大者固难见，近者、小者果有其状，宁不可即此以通彼乎？蛇之为质，俨具卵中黄白，一旦合而为卵，有可合而为鸥之理，且蛇性好浮而鸥性亦喜浮。予之图此，不但为《逍遥篇》[7]作新训诂，而并欲明野凫之化石首，鸔乌之化乌贼，不得以不获见怀疑也，故得连类[8]而并举之。

[1] 蜾虫：应为“裸虫”或“羸虫”。[2] 涨海：南海的古称。[3] 凫鹥（yī）在泾：《诗经·大雅·凫鹥》中的句子。[4] 考诸书：此三字歧义。诸，解释为“众多，各”或“‘之于’的合音”都通。以《海错图》全书语言风格看，应是前者。[5] 康熙辛未：康熙三十年，公元1691年。[6] 鹍：本当作“鲲”。《庄子·逍遥游》：“北冥有鱼，其名为鲲。鲲之大，不知其几千里也。化而为鸟，其名为鹏。”后来“鲲鹏”一词有时被讹传为“鹍鹏”。译文按“鲲”来译。[7]《逍遥篇》：指《庄子》中的《逍遥游》。[8] 连类：把同类的事物连在一起。

| 译文 |

裸虫说完了就接着说羽虫。海鸥，是羽虫，身体呈白色，数百成群。《汇苑》里说：海鸥多在南海中随潮水上下飞舞，常在三月风来的时候才回到小洲和岛上。《诗经·大雅》里有“凫鹥在泾”的诗句。《诗经》的注释说：“鹥，就是鸥，像白鸽而成群飞翔。野鸭喜欢潜入水中，海鸥喜欢浮在水面上。”考查各种典籍，原本没有蛇鱼变海鸥的说法。康熙三十年六月，福建连江有渔民在海洋里捕鱼，网中捕得一圆蛇，像蛋却非常大且白。回到家里剖开，发现里面有一半变成海鸥了。把它拿给乡里人看，没有人不惊奇。王允周亲眼见到了，给我描述它的样子，我才得以把它画下来。鲲变成鹏，庄子未曾亲眼见到，但领会了变化之意，把它写成文章。我曾怀疑鲲鹏变化这件事因语涉怪诞而被称作“寓言”。现在确实有蛇鱼变成海鸥的怪异之事，则鲲能变成鹏也不应该全是谣言。何况老蚕结茧变成蛾子，橘虫结茧变成蝴蝶，都是从没有翅膀的变成有翅膀的。远的、大的固然难以见到，近的、小的却的确有这种现象，难道不能触类旁通、以此及彼吗？蛇鱼体内的结构，俨然具有蛋里面的蛋黄和蛋白，一旦合成为蛋，就具备孵化海鸥的条件。况且蛇鱼有浮在水面上的习性，而海鸥也有浮在水面上的习性。我画这个，不仅是为《逍遥游》作新的注解，而且想同时说明：野鸭变成石首鱼，鵽鸟变成乌贼，世人不能以未曾亲眼见到而怀疑。因此，我把同类的事物连在一起，一并列举出来。

蝶虫盡則繼以羽虫海鷗羽虫體白色數百為羣羣菀云多在漲海中隨潮上下常以三月風至乃還洲嶼詩大雅鳧鷖在涇詩註云鷖即鷗也似白鴿而羣飛鳧好沒鷗好浮考諸書原無蛇魚化鷗之說康熙辛未六月閩中連江有漁叟海洋捕魚網中得一圓蛇如卵而甚大且白帰家剖之則一半變成海鷗矣以示鄉里莫不驚異王允周親見與予述其狀得圖之夫鵾之化鵬莊子未嘗親見得其變化之意可以為文疑其事之涉于誕者曰寓言乃今而寔有蛇化為鷗之異則鵾之能為鵬亦不盡誣也况乎老蚕之蠒而蛾橘虫之蠒而蝶皆自無翼而變為有翼者也遠者大者固難見近者小者果有其狀寧不可即此以適彼乎蛇之為質儼具卵中黄白一旦合而為卵有可合而為鷗之理且蛇性好浮而鷗性亦喜浮予之圖此不但為逍遥篇作新訓詁而并欲明野鳧之化石首鷄鳥之化烏賊不得以不獲見懷疑也故得連類而並舉之

蛇魚化海鷗贊

羽虫始末自雉至鷗
鷗屬卵生今從化求

鱼雀互化

鱼雀互化赞：仲秋孟冬，两化鱼雀。比之鹰鸠，其候不错。

广东惠州有一种海鱼，小而色黄，土人云为黄雀所化。而鱼亦能化雀，考《惠州志》有“黄雀鱼”，云八月鱼化为雀，至十月则雀复为鱼。愚按：闽广之域为三代[1]荆扬之裔土[2]，自汉始辟，土产之物自具[3]而外，古人所不及详者多矣。即《禹贡》称“海物惟错”，亦但指青州，闽广之海随刊之所不至也。今惠州黄雀化鱼、鱼化黄雀，稽[4]之一方之志载，不为无据。可与鹰化为鸠、鸠化为鹰两相发明[5]，则殊方[6]异俗，变化之物之奇，载在山经[7]野史有不可胜举者。《字汇·鱼部》有“鰨[8]”字，疑即能化鸟之鱼。而注但曰“‘鳎[9]’字省文”，埋没一“鰨”字，并埋没古人制“鰨”字之意矣。

[1] 三代：指夏、商、周三朝。[2] 裔（yì）土：荒瘠边远的地方。[3] 自具：自备，为事物本身所具有。这里指并未传播到外地。[4] 稽：考核。[5] 发明：发挥，说明。[6] 殊方：远方，异域。[7] 山经：《山经》本指先秦古籍《山海经》的一部分，共有《南山经》《西山经》《北山经》《东山经》《中山经》五卷，主要记载上古地理中诸山。这里指《山海经》一类的典籍。[8] 鰨：音tǎ。[9] 鳎：音tǎ。

| 译文 |

广东惠州有一种海鱼，体形小而颜色黄，当地人说是由黄雀变成的。然而鱼也能变成雀，考查《惠州志》，里面谈及黄雀鱼，说在八月鱼变成雀，到了十月则雀又变成鱼。愚按：夏、商、周时期，相较于荆州、扬州等繁华地区，福建、两广地区是荒瘠边远的地方，从汉代开始开发，当地物产自给

自足，较少流传外地，故而古人未知的东西太多了。即便《禹贡》里提到“海物惟错”，也仅仅指青州所产，福建、两广的海物书里根本没有涉及。现有惠州黄雀变成鱼、鱼变成黄雀的说法，考查这一地区的方志，并非无稽之谈。这可以和鹰变成鸠、鸠变成鹰的说法两者互相印证，这些远方异域的奇风异俗，变化之物的离奇之处，在《山海经》之类的书和野史里有不可胜举的例子。《字汇·鱼部》有“鳎”字，我怀疑就是能变化成鸟的鱼。但注释只是说它是“鳎”字的省文，这就埋没了“鳎”字，也埋没了古人造“鳎”字的意图了。

化為雀至十月則雀復為魚愚按閩廣之域為三代荊揚之裔土自漢始闢土産之物自具而外古人所不及詳者多矣即禹貢稱海物惟錯亦但指青州閩廣之海隨刋之所不至也今惠州黃雀化魚魚化黃雀稽之一方之志載不為無據可與鷹化為鳩鳩化為鷹兩相發明則殊方異俗變化之物之奇載在山經野史有不可勝舉者字彙魚部有鯏字疑即能化鳥之魚而註但曰鯛字省文埋沒一鯏字并埋沒古人製鯏字之意矣

魚雀互化贊

仲秋孟冬
兩化魚雀
比之鷹鳩
其候不錯

廣東惠州有一種海魚小而色黃
土人云為黃雀所化而魚亦能化
雀考惠州誌有黃雀魚云八月魚

秋風鳥賛

海魚成羣
志在青雲
秋風起兮
長羽脱鱗

秋風鳥亦海魚所化雷州海邊有一種小魚每於八月望前五日從風起處自南至北中秋後則無矣故以秋風名

秋风鸟

秋风鸟赞：海鱼成群，志在青云。秋风起兮，长羽脱鳞。

秋风鸟，亦海鱼所化。雷州海边有一种小鱼，每于八月望[1]前五日，从风起处自南至北，中秋后则无矣，故以“秋风”名。

[1] 望：农历每月十五日。

| 译文 |

秋风鸟，也是海鱼所变。雷州海边有一种小鱼，总在八月十五的前五天，从风起的地方自南游至北边，中秋以后就销声匿迹了，所以用“秋风”来命名。

海凫石首

海凫石首赞：凫化石首，载之简册。考核何凭？凫头有石。

类书云：凫，名“野鸭”，头上有毛者为凫。数百为群，多泊江湖沙上，食沙石皆消，惟食海蛤不消。且其曹[1]蔽天而下，声如风雨，所至田间谷粱一空。《字汇》云：“凫，水鸟，如鸭，背上有纹，青色，卑脚[2]短喙。”《本草》云：野鸭头中有石，是石首鱼所化。予初亦未之深信，盖虽有其说，渔人从未见也。及闻鱼化黄雀著于粤籍，蛇化海鸥传自闽人，始信石首化凫，古人之言必不大谬。且诸鱼在水，除鳄鱼、河豚有声，余皆无能鸣者，独石首千万乘潮而来，海底如蛙鸣聒耳[3]。渔人常以竹筒探水听而张网以捕。声应气求[4]，其化凫也，宜哉。又，石首头中白石，亦如交颈[5]双凫，甚奇。

[1] 曹：等；辈。如“我辈”“我等”称为“吾曹”。[2] 卑脚：短腿。[3] 聒（guō）耳：声音刺耳。[4] 声应气求：指同类的事物相互感应。比喻志趣相投的人自然地结合在一起。出自《易经·乾文言》：“同声相应，同气相求。”[5] 交颈：颈与颈相互依摩。多为雌雄动物（通常是鸟类）之间的一种亲昵表示。常用来比喻夫妻恩爱、男女亲昵。

｜译文｜

类书里说：凫，名叫“野鸭”，头上有毛的为凫。数百成群，多停留在江河湖海的沙地上，吃沙子、石头都能消化，只有吃海蛤不能消化。它们遮蔽着天空飞下来，声音像刮风下雨一样，所到田间庄稼一点儿不剩。《字汇》里说：“凫，水鸟，像鸭子，背上有纹，青色，短腿短嘴。”《本草》里说：

野鸭脑袋里有石头，是石首鱼所变。我最开始不是特别相信，因为虽然有这个说法，但渔民从来没见过。等听说鱼变黄雀的事记载于广东的典籍，蛇鱼变成海鸥的说法传自福建，才开始相信石首鱼变野鸭的说法，古人的话一定不会错得太离谱。而且各种鱼在水里，除鳄鱼、河豚能发出叫声，其余的没有能鸣叫的，只有石首鱼成千上万乘着潮水而来，在海底像青蛙叫一般聒噪。渔民常将竹筒探入水中听音，若声音哄然，便可张网捕捉它们。同类事物能相互感应，它能变成野鸭是很正常的。又，石首鱼脑袋里的白色石头，也像一对交颈的野鸭，非常神奇。

鱷魚河豚有聲餘皆無能鳴者
獨石首千萬乘潮而來海底如
蛙鳴聒耳漁人常以竹筒探水
聽而張網以捕聲應氣求其化
鳧也宜哉又石首頭中白石亦如
交頸雙鳧甚奇

類書云䲹名野鴨頭上有毛若
為䲹數百為羣多泊江湖沙上食
沙石皆消惟食海蛤不消且其
曾蔽天而下聲如風雨所至田
間穀粱一空字彙云䲹水鳥
如鴨背上有紋青色卑脚短喙
本草云野鴨頭中有石是石首
魚所化予初亦未之深信蓋雖
有其説漁人從未見也及閩魚
化黄雀著於粵籍蛇化海鷗
傳自閩人始信石首化䲹古人
之言必不大謬且諸魚在水除

海䲹石首賛

䲹化石首
載之簡册
考核何憑
䲹頭有石

海鵞似鵞而小羽白喙黄身短而圓脚弱不能行以其久在水也其肉腥而瘠不堪食

海鵞贊

衡陽無鴈海東有鵞右軍所遺散入洪波

海　鹅

海鹅赞：衡阳无雁，海东有鹅。右军所遗，散入洪波。

海鹅，似鹅而小，羽白，啄黄，身短而圆，脚弱不能行，以其久在水也。其肉腥而瘠[1]，不堪食。

[1] 瘠：身体瘦弱。

| 译文 |

海鹅，像鹅但比鹅小，羽毛白色，嘴黄色，身体短而圆，脚没有力气，不能行走，这是因为它长时间生活在水里的缘故。它的肉又腥又瘦，不能食用。

海　鸡

海鸡赞：海鸡无帻，以鱼为生。匪鸡则鸣，猫儿之声。

海鸡，状如鸡而无冠，白色而斑。栖海滨岩石及岛屿间，千百为群。好食鱼虾，其鸣作猫声，仅能翔步于沙滩浅水，而不能如凫之善没。肉瘠而腥，不堪食。其育卵处积如囷仓[1]，渔人偶得之，伪充鸡鸭蛋以鬻于城市。至暮夜，其卵生光，殊有辨也。《汇苑》“鸥”“凫”而外，海禽无几，仅载海鸡鳖足，或别有一种，未可知也。予尝语[2]门人论《齐风》“匪鸡则鸣[3]”句，“则”字朱注[4]未经解明，作虚字读，解不去[5]。盖“则”者，法也，式也，作齐音口气解，当在“这不是鸡鸣的调儿，乃苍蝇之声也”。下章“匪东方则明”亦当云：“这不是东方明的样子，难道是月出之光？”作反言[6]说，方见得一步紧一步，是再告之体。因借《诗》句以赞海鸡，并附解于此。

[1] 囷（qūn）仓：粮仓。[2] 语（yù）：告诉。[3] 匪鸡则鸣：《诗经·齐风·鸡鸣》里的句子。[4] 朱注：指朱熹为《诗经》做的注释。[5] 解不去：解不开，解释不清楚、不透彻。[6] 反言：反问语气的语句。

| 译文 |

海鸡，样子像鸡而没有鸡冠子，身体呈白色带斑点。它栖息在海滨的岩石及岛屿间，千百成群。它好吃鱼虾，叫声像猫叫，仅能在沙滩和浅水处飞翔行走，而不能像野鸭一样浮游潜水。海鸡的肉又瘦又腥，不能食用。它的孵化之所海鸡蛋堆积得像粮仓，渔夫偶然捡拾到，就将其冒充成鸡鸭蛋卖到

城里。到了晚上它的蛋会发光，与鸡蛋、鸭蛋区别很大。《汇苑》一书中，除“海鸥”和“野鸭”之外，海鸟提及很少，仅仅记载了海鸡长着鳖足，或许说的是另外一种生物，也是有可能的。我曾经与学生讨论《齐风》里“匪鸡则鸣”这一句，“则”字在朱熹的注释中没有详细解释，当虚字来读，这么解释不透彻。则，是“法”和“式”的意思，按照齐地的语音语气解释，这句的意思应当是：“这不是鸡鸣的调儿，乃是苍蝇之声。”下章“匪东方则明”也应当解释为：“这不是东方明的样子，难道是月出之光？”作反问句来解释，才能看出这是步步紧跟，是一再强调的文体。于是，我借用《诗经》里的句子来称赞海鸡，并把解释附在此处。

音口氣解當在這不是雞鳴的調兒乃蒼蝇之聲也下章匪東方則明亦當云這不是東方明的樣子難道是月出之光作反言說方見得一步緊一步是再告之體因借詩句以贊海雞并附解于此

海雞贊

海雞無幘以魚為生
匪雞則鳴猫兒之聲

海雞狀如雞而無冠白色而斑栖海濱岩石及島嶼間千百為羣好食魚蝦其鳴作猫聲僅能翔步于沙灘淺水而不能如鳧之善没肉瘠而腥不堪食其育卵處積如囷倉漁人偶得之偽充雞鴨蛋以鬻于城市至暮夜其卵生光殊有辨也彙苑鷗鳧而外海禽無幾僅載海雞鱉足或別有一種未可知也予嘗語門人論瘠風匪雞則鳴句則字朱註未経解明作虛字讀解不去蓋則者法也式也作瘠

海鵲畧如鷺而小喙與脚皆長嗜魚好没水近江湖則潛於江湖近海岸則潛於海底食魚郭景純江賦有潛鵠即此也海鵲遇久雨則夜飛城市繞天而鳴一隻鳴則來朝主晴兩隻鳴則仍是雨久晴而夜鳴亦然常試之甚有驗

海鵲賛

海鵲夜鳴
立辯陰晴
斑鳩喚雨
彼此知音

海　鹄

海鹄赞：海鹄夜鸣，立辨阴晴。斑鸠唤雨，彼此知音。

海鹄[1]，略如鹭而小，啄与脚皆长。嗜鱼，好没水，近江湖则潜于江湖，近海岸则潜于海底食鱼。郭景纯《江赋》有“潜鹄”，即此也。海鹄遇久雨则夜飞城市，绕天而鸣。一只鸣则来朝[2]主晴，两只鸣则仍是雨。久晴而夜鸣亦然。常试之，甚有验。

[1] 鹄：音hú。[2] 来朝（zhāo）：第二天。

| 译文 |

海鹄，长得大致像鹭鸶但比鹭鸶小，嘴和脚都很长。它爱吃鱼，喜欢潜水，靠近江河湖泊就潜在其中吃鱼，靠近海岸就潜在海底吃鱼。郭璞的《江赋》里有“潜鹄”，指的就是这种动物。遇到长时间下雨，海鹄会在晚上飞入城市里，在天空盘旋鸣叫。若一只海鹄鸣叫，第二天就是晴天，若两只海鹄鸣叫，则第二天仍然是下雨天。长时间晴天，海鹄也会在晚上入城鸣叫，预卜晴雨的规律是一样的。我经常按此检验，非常灵验。

火　鸠

火鸠赞：鱼之变鸟，多在于秋。海鳇一化，是名火鸠。

火鸠，海鸟也。岁二八月，广东有一种海鳇鱼，群飞，化而为鸟，其色微红，故名“火鸠”。每至冬时，海滨皆是此鸟。有变未全者，或鸟首而鱼身，或鸟身而鱼首，人以是识鱼鸟之化。

| **译文** |

火鸠是一种海鸟。每年二月、八月，广东有一种海鳇鱼成群地飞翔，最后变成鸟，它的颜色微红，所以叫作“火鸠”。每到冬天，海滨到处都是这种鸟，有没变完全的，有的鸟头鱼身，有的鸟身鱼头，人们因此了解到鱼鸟的变化法则。

火鳩海鳥也歲二八月廣東有一種海鰉魚羣飛化而為鳥其色微紅故名火鳩每至冬時海濱皆是此鳥有變未全者或鳥首而魚身或鳥身而魚首人以是識魚鳥之化

火鳩贊

魚之變鳥
多在於秋
海鰉一化
是名火鳩

燕窝、金丝燕

燕窝赞：燕窝佳品，不列八珍。味超郇馔，名缺段经。

金丝燕赞：由来兴废，到处沧桑。乌衣国主，换黄袍王。

燕窝，海错之上珍也。其物薄而圆洁，丝丝如银鱼然，白者为上，黄者次之。相传谓海燕衔小鱼为卵巢，故曰“燕窝”。然予食此，每条分而缕折，视其状，非鱼也。盖凡小鱼，初生即有两目甚显，今燕窝虽曰鱼，实无目，可验其非。询之闽士，皆不知其原。有博识者曰：《泉南杂志》所载不谬也。《志》云：燕窝产闽之远海近番处，有燕毛黄名“金丝”者，首尾似燕而甚小。临育卵时，群飞近泥沙有石处，啄蚕螺食之。据土番云：蚕螺背上肉有两筋如枫蚕丝，坚洁而白，食之可补虚损[1]、已[2]劳瘵[3]。故此燕食之，肉化而筋不化，并津液吐出，结为小窝。予得其说，始知燕窝之果非鱼也。燕窝，《本草》诸书不载，而食者多云甚有裨益。今番人云可补虚损，理不诬矣。近得一秘方，云痰甚者以燕窝用蜜汁蒸而啖之，自化，神效。然未试也。

[1] 虚损：中医指腰膝酸软、头晕耳鸣、遗精早泄、咽痛、颧红、舌红少津、脉沉细数等症状。[2] 已：治疗。[3] 劳瘵：日久不愈的痨疾。

| 译文 |

燕窝是众多海产品里的顶级珍品。这种东西很薄，圆圆的，很干净。一丝一丝像银鱼的样子，白的为上品，黄的次之。相传海燕衔小鱼做孵卵的巢穴，

所以叫“燕窝”。然而我吃这种东西，常常一丝一丝地拆开观察，看它的样子不像是鱼构成的。凡是小鱼，刚出生就有非常明显的两只眼睛，可燕窝中未曾发现鱼眼，可以验证它不是小鱼构成的。向福建人询问，大家都不知道它的究竟。有学识渊博的人说：《泉南杂志》所记载的没错。《泉南杂志》说：燕窝产在福建远海临近外国的地方，有种黄毛的燕子叫“金丝燕”，脑袋和尾巴像燕子但非常小。临近产卵时，成群飞到石滩啄蚕螺吃。据当地人说，蚕螺背上的肉有像枫蚕丝一样的两根筋，又结实又干净而且很白，吃它可以补虚损、治疗日久不愈的痢疾。因此金丝燕吃蚕螺，螺肉能消化而筋不能消化，最后筋和着它的津液一起吐出，结成小窝。我了解到这种说法，才知道燕窝的成分果真不是鱼。燕窝，《本草》等书都没有记载，而吃它的人大多说它对身体非常有好处。现在洋人说它可以补虚损，道理应该不假。我近来得到一个秘方，说痰多的人用燕窝和着蜜汁蒸了吃，其痰自然能化掉。据说这个秘方有神效，然而我没有试过。

金絲燕贊
由來興廢到處滄桑
烏衣國主換黃袍王

燕窩賛

燕窩佳品不列八珍

味超卵餌名缺段經

燕窩海錯之上珍也其物薄而圓潔絲絲如銀魚然白者為上黄者次之相傳謂海燕啣小魚為卵巢故曰燕窩然予食此每條分而縷析視其狀非魚也盖凡小魚初生即有兩目甚顯今燕窩雖曰魚竟無目可驗其非詢之閩士皆不知其原有博識者曰泉南雜志所載不謬也志云燕窩産閩之遠海近番處有燕毛黄名金絲者首尾似燕而甚小臨育卵時羣飛近泥沙有石處啄蚕螺食之據土番云蚕螺背上肉有兩筋如楓蚕絲堅潔而白食之可補虚損已勞瘵故此燕食之肉化而筋不化并津液吐出結為小窩子得其說始知燕窩之果非魚也燕窩本草諸書不載而食者多云甚有裨益今番人云可補虚損理不誣矣近得一秘方云痰甚者以燕窩用蜜汁蒸而啖之自化神效然未試也

本草云魁蛤是伏翼所化故一名伏老魁蛤如大腹檳榔兩頭有乳今出萊州表有文圖經云老蝙蝠化魁蛤用之至妙愚按鼠之老者能化為蝠為蝠多伏入岩谷不能死矣故稱仙鼠千年則色白矣不知何以有獻山谷者又沉淪入海而變為魁蛤世間之物惟一變惟鼠則變而又變鼠性善疑所謂首鼠兩端此變化之所以無定歟蝠一名飛鼺與鼺同史記從鳥文選從虫按蝠形張翼原有雷象故字從畾

蝙蝠化魁蛤贊

仙鼠化蝠

飛騰上屋

蝠老入海

忽人生殼

蝙蝠化魁蛤

蝙蝠化魁蛤赞：仙鼠化蝠，飞腾上屋。蝠老入海，忽又生壳。

《本草》云：魁蛤是伏翼[1]所化，故一名“伏老”。魁蛤如大腹槟榔，两头有乳，今出莱州，表有文[2]。《图经》云：老蝙蝠化魁蛤，用之至妙。愚按：鼠之老者能化为蝠，为蝠多伏入岩谷，不能死矣，故称“仙鼠”，千年则色白矣。不知何以有厌山谷者，又沉沦入海而变为魁蛤。世间之物惟一变，惟鼠则变而又变。鼠性善疑，所谓“首鼠两端[3]”，此变化之所以无定欤？蝠，一名“飞鸓[4]”，与“蝠[5]”同，《史记》从“鸟”，《文选》从“虫”。按：蝠形张翼，原有雷象，故字从“畾[6]”。

[1] 伏翼：蝙蝠。[2] 文：花纹。《证类本草》等医书中有关魁蛤的介绍作“表有纹”。[3] 首鼠两端：在两者之间犹豫不决又动摇不定。成语“首鼠两端”的“首鼠”又作“首施”“踌躇”等，表犹豫不决，是双声联绵词，这个“鼠”字与老鼠没有任何关系，本书的解释属于牵强附会。[4] 鸓：音lěi。[5] 蝠：音lěi。[6] 畾：音léi。

| 译文 |

《本草》说：魁蛤是由蝙蝠所变，所以也叫“伏老”。魁蛤样子像大肚子的槟榔，两头有乳头一样的凸起，现在出产于莱州，表面有花纹。《本草图经》里说：老蝙蝠变成魁蛤，药用非常妙。愚按：老鼠老了能变成蝙蝠，因为蝙蝠大多藏进山谷，不会死去，所以被称为“仙鼠”，活千年则颜色变成白的。不知为什么会有蝙蝠厌倦山谷，又沉沦入海变成魁蛤。世间的动物只能变化一次，只有老鼠是变了又变。老鼠生性善疑，所谓“首鼠两端”，这是它变化不定的原因吗？蝠，也叫“飞鸓”，与“蝠”相同，《史记》里这个字从“鸟”，《文选》里这个字从“虫”。按：蝙蝠张开翅膀的样子像雷神，所以字从“畾”。

瓦雀变花蛤

瓦雀变花蛤赞：花蛤瓦雀，介属化生。其壳斑驳，仿佛羽纹。

瓦雀，即麻雀也。闽人初为予述海滨花蛤多系瓦雀所化，余不敢信。以雀体大，蛤体小，焉得以蛤尽雀之量？及谢若翁先生为予言花蛤果为瓦雀所化，曾亲见之。瓦雀尝成群飞集海涂，以身穿入沙涂之内死，其羽与骨星散[1]，所存血肉变成小花蛤无数。或以一雀而幻成数十百花蛤亦未可知，非一雀变一蛤也。故花蛤无种，类[2]皆雀所化。然有时盛衰，有一年变者多则花蛤数百斛[3]，海人日日取之不竭；有一年变者少则取之易竭。然亦有数年无一花蛤之时，雀或不变，或飞往他处变也。若翁先生九旬有三[4]，善谈而喜饮，必不欺予而妄为是说。且《月令》原有“雀入水为蛤”之典[5]，第[6]人不经见[7]，疑信相半耳。今得瓦雀化花蛤之说，读《月令》者可以相悦以解而无疑。

[1] 星散：分散，四散。[2] 类：大抵。[3] 斛（hú）：旧量器，方形，口小，底大，容量本为十斗，后来改为五斗。[4] 九旬有（yòu）三：九十三岁。[5]《礼记·月令》中此典故原文是“爵（雀）入大水为蛤”。[6] 第：但是。[7] 经见：常见。

| 译文 |

瓦雀，就是麻雀。福建人最初跟我说海滨的花蛤多是瓦雀变成的，我不敢相信。麻雀体形大，花蛤体形小，怎么能以小小的花蛤充分展现麻雀身量之大？直到后来谢若翁先生对我说花蛤确实是瓦雀所变，他曾亲眼见到。瓦雀曾经成群飞集到海滩，然后坠入沙滩之内死掉，它的羽毛和骨头四散开来，

所存的血肉变成无数小花蛤。有时候一只瓦雀变成几十上百只花蛤也未可知，不是一只雀变成一只蛤。所以花蛤不能繁育后代，大抵都是瓦雀所变。然而有大小年之说，某一年变得多，则有花蛤几百斛，赶海之人天天取之不尽；某一年变得少，则取之易尽。然而也有几年没有一只花蛤的时候，这或者是瓦雀没有变，或者是飞到别的地方变了。若翁先生九十三岁了，善谈且喜欢喝酒，一定不会骗我而胡乱编造出这个说法。并且《月令》里本就有“雀入水为蛤”的典故，只是人们不常见，就半信半疑了。现在知道了瓦雀化花蛤的说法，读《月令》的人可以开心地给别人解释而没有疑虑了。

瓦雀变花蛤赞

花蛤母雀介屬化生

其殼班駁彷彿羽紋

瓦雀即麻雀也閩人初為予述海濱花蛤多係瓦雀所化余不敢信以雀體大蛤體小焉得以蛤盡雀之量及謝若翁先生為予言花蛤果為瓦雀所化曾親見之瓦雀嘗成群飛集海塗以身穿入沙塗之內死其羽與骨星散所存血肉變成小花蛤無數或以一雀而幻成數十百花蛤亦未可知非一雀變一蛤也故花蛤無種類皆雀所化然有時盛衰有一年變者多則花蛤數百斛海人日日取之不竭有一年變者少則取之易竭然亦有數年無一花蛤之時雀或不變或飛往他處變也若翁先生九旬有三善談而喜飲必不欺予而妄為是說且月令原有雀入水為蛤之典第人不經見疑信相半耳今得瓦雀化花蛤之說讀月令者可以相悅以解而無疑

鹦鹉鱼

鹦鹉鱼赞：绿兮衣兮，绿衣黄裳。陇上倦游，海中翱翔。

《闽志》载有鹦鹉鱼，而予客闽未尝见。考诸书，惟《汇苑》称龙门江有鹦鹉鱼，云能化龙，其形绿色，嘴红曲，似鹦鹉。予欲浮槎[1]泛海以访“绿衣郎[2]”之面貌而不可得。一日，李闻思云：于康熙二十四年[3]七月，同友章伯仁客瓯城，市上觅鱼下酒，忽见有鱼背绿腹白，啄如鸟嘴，而首有冠红紫色，划水则黄色，尾细长而昂，满身鳞甲，背有翅，青色，约重三斤。询之渔贾，曰：“此鹦鹉鱼，能变鹦鹉。”令画家为予图。愚按：是鱼身小，《汇苑》称能变龙，未然。闽中产此鱼，瓯人虽云能变鹦鹉，而闽中又何以无鹦鹉也？鹦鹉原产于粤，似乎粤中鹦鹉所化之鱼，而非鱼之能为鹦鹉也。

[1] 浮槎（chá）：乘坐木筏。[2] 绿衣郎：这里指鹦鹉鱼。汉代祢衡的《鹦鹉赋》里描写鹦鹉“绀（gàn）趾丹觜（zuǐ），绿衣翠衿”。[3] 康熙二十四年：公元1685年。

| 译文 |

《闽志》里记载有鹦鹉鱼，而我客居福建的时候未曾见过。查证各种书籍，只有《汇苑》里说龙门江有鹦鹉鱼，说它能变成龙。它的外表呈绿色，嘴呈红色而弯曲，像鹦鹉。我想乘着木筏出海去寻访这位“绿衣郎”，却没有见到其踪影。一天，李闻思说：康熙二十四年七月，他同友人章伯仁客居温州，在市场上找鱼下酒，忽然见到有种鱼，背部是绿色的，腹部是白色的，

嘴像鸟嘴，而头顶上有红紫色的冠子，划水的鳍则是黄色的，尾巴细长而昂起，满身鳞甲，背部有青色的翅，约重三斤。向卖鱼的商贩询问，商贩说：“这是鹦鹉鱼，能变成鹦鹉。”他让画家据此为我画出图来。愚按：这种鱼身体小，《汇苑》里说它能变成龙，不是这样的。福建地区产这种鱼，温州人虽然说它能变成鹦鹉，但福建地区又为什么没有鹦鹉呢？鹦鹉原产于广东，这似乎是广东鹦鹉所变的鱼，不过它不能变回鹦鹉。

於粵似乎粵中鸚鵡所化之魚而非魚之能為
鸚鵡也

鸚鵡魚賛

綠兮衣兮綠衣黃裳
隴上倦遊海中翱翔

閩志載有鸚鵡魚而予客閩未嘗見考諸書惟彙苑稱龍門江有鸚鵡魚云能化龍其形綠色嘴紅曲似鸚鵡予欲浮槎泛海以訪綠衣郎之面貌而不可得一日李闇思云於康熙二十四年七月同友章伯仁客甌城市上覓魚下酒忽見有魚背綠腹白喙如鳥嘴而首有冠紅紫色划水則黃色尾細長而昂滿身鱗甲背有翅青色約重三斤詢之漁賈曰此鸚鵡魚能變鸚鵡令画家為予圖愚按是魚身小彙苑稱能變龍未然閩中產此魚甌人雖云能變鸚鵡而閩中又何以無鸚鵡也鸚鵡原產

或曰雉山禽也胡為乎附入海物不知雉雖
山禽而所入者則海而所變者則海中之蜃
也月令止曰雀入大水為蛤雉入大水為蜃
而爾雅翼則有以別之曰雀入淮為蛤雉入
海為蜃若是乎蜃為海中之物而雉亦得
與鷗鳧等類同附於海上之羽虫也何疑

雉入大水為蜃贊

雉蜃辨變始於月令
齊丘化書從茲取証

雉入大水为蜃

雉入大水为蜃赞：雉蜃辨变，始于《月令》。齐丘化书，从兹取证。

或曰：雉，山禽也，曷为乎附入海物？不知雉虽山禽，而所入者则海，而所变者则海中之蜃也。《月令》止曰“雀入大水为蛤，雉入大水为蜃”。而《尔雅翼》则有以别之，曰：“雀入淮为蛤，雉入海为蜃。[1]”若是乎，蜃为海中之物，而雉亦得与鸥凫等类同附于海上之羽虫也，何疑？

[1] 雀入淮为蛤，雉入海为蜃：见《尔雅翼》卷三十一。

| 译文 |

有人说：雉是山里的飞禽，为什么被列入海物？人们不知道，雉虽然是山里的飞禽，但所进入的是大海，所变的则是海中的蜃。《月令》里仅仅说“雀进入大水变成蛤，雉进入大水变成蜃”。而《尔雅翼》则有所区别，说：“雀进入淮河变成蛤，雉进入大海变成蜃。”如果真是这样，因为蜃是海中的动物，而雉就应该与海鸥、野鸭等动物一同附在海上羽虫里，这还能有什么疑惑的吗？

海市蜃楼

海市蜃楼赞：虾蟹鼋鼍，气聚蜃楼。蜃本雉化，来自山丘。

凡蚌、蚬[1]、蛏[2]、蚶、蛤蜊、蛎蚝等物，皆海中甲虫也。蜃亦负甲[3]，如蛤而大，字独从“辰”。辰本龙属，与凡介不同。其所以属龙之故，以愚揆[4]之，必有深意。考《左传》：“宋文公卒，始厚葬，用蜃灰。[5]”蜃灰如闽广海滨之蛎灰也，其为蛤属无疑。《登州府志》载：城北去[6]海五里，春夏时遥见水面有城郭，市肆人马往来若交易状，土人谓之“海市”。《笔谈》亦载[7]：“登州蓬莱县纳布[8]老人言：海市惟春三月东南风为盛，多见者[9]。城郭、楼观[10]、旗帜、人物皆具，变幻不一：或大为峰峦，或小为一畜一物。其色青绿类水，大率[11]风水气漩而成。西风、北风无之，故冬月罕见也。”然东坡祷于海神，岁晚[12]见之，有《海市》诗。愚按：纳布老人臆说也，云风水气漩而成，则不指蜃矣。不知海旁蜃气象楼台，昔人久已明言，无人不解，何必反云风水气漩乎？蜃形如蛤，其房膜五色，光华结而为气，遂与日月争辉、云霞比色。所谓“玉蕴则山辉，珠涵则水媚[13]”，有诸内必形诸外也，况蜃尤非凡介之比。考《汇书奥乘》载：鲁至刚云：正月蛇与雉交生卵，遇雷即入土数丈，为蛇形，二三百年能升腾。如卵不入土，但为雉耳。父蛇之雉或不能成蛟龙，则必入于海而化为蜃，此入大水为蜃之雉必非凡雉，有龙之脉存焉，故字从“辰”。

或谓蛇与雉交，亦安见其为龙乎？不知蛇有为龙之道。《述异记》载：“虺五百年化为蛟，蛟千年化为龙。”则雉之得交于龙，必成异种。况雉又为文明之禽，一旦应候[14]，化而为蜃，其抱负之气终不沉沦，遂得流露英华以吐奇气于两间，堪与化工[15]之笔共垂不朽。此蜃之所以独钟于雉，而非凡介之所能仿佛也。或有起而疑之者曰：东南滨海之区，吴越闽广延袤[16]万里，所在[17]产雉。所在产雉则所在皆可入海以为蜃。而自古至今独现其迹于登莱，何也？予谓：犹因风涌[18]，鼍应雨鸣[19]，鳢首载星[20]，鱼脑配月[21]。鳞介微物种种，上符天象。奎娄在齐鲁之墟[22]，是以尼父[23]毓灵，元公建国[24]，遂成万古景仰文明之地，岂偶然哉？《易》曰："云从龙，风从虎，圣人作而万物睹。"蜃以文明之物，声应气求，敢不涌灌于奎娄之下，依附于周孔之门墙乎？吾知雉入大水为蜃，亦惟在青兖之间以归海，而必不他适也。虽他处海上亦或有珠光阴火之异，而海市蜃楼独纪于登莱之境。此予之所谓"蜃"独从"辰"者，盖以龙本神物，被五色而游，能大能小，能幽能明，变化无端。海中之物得其气体[25]，以貌类者，龙虾是也；以气类者，蜃楼是也。龙虽为鳞虫之长，而序介虫亦必以龙始而以龙终者，以明龙之为龙，无所不寄也。《篇海》引《史记·历书》云："辰者，言万物之蜃[26]也"，难解。又引《庄子》"以蜃盛溺[27]"，谓古人多以为器。愚按：古典[28]内，器以蜃，用者甚少，惟"盛溺"之说见于《庄子》，必有取义。

[1] 蚬：音xiǎn。[2] 蛏：音chēng。[3] 负甲：披着铠甲，这里指带有甲壳。[4] 揆（kuí）：估量，揣测。[5] 见《左传·成公二年》。[6] 去：距离。[7] 以下引文见于明代叶盛的《水东日记》卷三十一（个别文字稍有出入）。宋代沈括《梦溪笔谈》卷二十一也记载了海市蜃楼现象，但文字与此不同，《梦溪笔谈》里的记载是："登州海中，时有云气，如宫室台观、城堞（dié）人物、车马冠盖，历历可见，谓之'海市'。或曰：'蛟蜃之气所为。'"[8] 纳布：粗布名。纳，通"衲"。[9] 多见者：《海错图》原文脱"多"字，据《水东日记》补。[10] 观：音guàn。[11] 大率：大概，大略。[12] 岁晚：年末。苏轼《海市》诗作于"元丰八年十月晦"，元丰八年即公元1085年。"晦"是月底，查《二十史朔闰表》可知：元丰八年十月共有三十天，则苏轼此诗当作于元丰八年十月三十日（相当于1085年11月19日）。[13] 玉蕴则山辉，珠涵则水媚：化用晋代陆机《文赋》句"石韫玉而山辉，水怀珠而川媚。"[14] 应（yìng）候：顺应时令节候。[15] 化工：指自然的创造者。[16] 延

亘：绵亘，绵延伸展。[17] 所在：到处。[18] 参见310页内容。[19] 参见638页内容。[20] 鳣首载星：《尔雅翼》等书解释鳣鱼名字的来历，说它头上有七个斑点，呈北斗之象，这种鱼“夜则仰首向北而拱焉，有自然之礼”。[21]《淮南子·天文训》：“月者，阴之宗也，是以月虚而鱼脑减。”宋代陈祥道《礼书》卷七十九：“月盈则鱼脑盈，月亏则鱼脑亏。”[22] 奎娄在齐鲁之墟：中国古代星占学的观点认为，人间祸福同天上星象有联系。古人把天上的星宿与人间的州、国建立起对应联系，称为“分野”。二十八宿里的奎、娄两宿在鲁地分野。[23] 尼父（fǔ）：对孔子的尊称，因为孔子字仲尼，故有此称。也称“尼甫”。[24] 元公建国：据下文“依附于周孔之门墙”推断，“元公”应指周公，周公受封于鲁国，因在镐京辅佐周成王，故派长子伯禽代其受封鲁国。后人一般将周公视为鲁国的建立者，又称他为“元圣”。[25] 气体：精气与身体。[26] 万物之蜃：此处的“蜃”其实通“娠”，夏历三月对应地支为“辰”，三月又名姑洗月，古人认为此月万物孕育萌生。又，此处“辰者，言万物之蜃也”应出自《史记·律书》，故译文作“《史记·律书》”。[27] 以蜃盛溺：出自《庄子·人间世》：“夫爱马者，以筐盛矢，以蜃盛溺。”[28] 古典：古籍。

| 译文 |

凡是蚌、蚬、蛏、蚶、蛤蜊、蛎蚝等动物，都是海中的甲虫。蜃也披甲，像蛤但比蛤大，“蜃”字单单从“辰”。“辰”本是龙一类的物种，所以蜃与普通的甲壳类动物不同。它之所以属龙的原因，据我揣测，一定有深意。考查《左传》里面的记载：“宋文公去世了，开始采用厚葬，用蜃灰。”蜃灰像福建、两广海滨的牡蛎灰，它一定是蛤类无疑。《登州府志》记载：城北离海五里，春夏时远远地见到水面有城郭，市场中有人马往来，好像在交易的样子，当地人称之为“海市”。《梦溪笔谈》（译者注：应为《水东日记》）里也记载：“登州蓬莱县一个穿粗布衣服的老人说：海市只有在阳春三月吹东南风的时候最多，为世人所多见。海市中城郭、楼观、旗帜和人物都有。它变幻不一：或大为峰峦，或小为一畜一物。它的颜色青绿，像水一样，大概是因风水气旋而成。刮西风、北风的时候没有，所以冬天的时候少见。”然而苏东坡在年末祈祷海神时曾见到过，有其所作的《海市》诗为证。愚按：穿粗布衣服的老人的说法是臆说，说海市为风水气旋而成，应该不是指蜃了。他不知道海旁的蜃气幻化成楼台，古人早已经说明白了，无人不解，何必反说是风水气旋呢？蜃的形状像蛤，壳上的内膜五颜六色，光华结成气，于是和日月争辉、与云霞比色。所谓“有玉石蕴藏，山就更有光彩；有珍珠蕴涵，水就更加柔媚”，内有神韵必定会形之于外，何况蜃尤其不是平凡的甲虫可比。查证《汇书奥乘》的记载：鲁至刚说，正月蛇与雉交配产卵，遇到雷就进入土中数丈，后代为蛇形，二三百年后能升腾上天。如果卵不进入土中，只能成为雉。父亲是蛇的雉，就算不能成为蛟龙，也一定会进入大海变成蜃，这种“进入大水变成蜃”的雉一定不是普通的雉，有龙的血脉存在，所以字从“辰”。

有人说，蛇和雉交配，又何以见得后代能变成龙呢？这是他不知道蛇有变成龙的道理。《述异记》里记载：“虺五百年变成蛟，蛟千年变成龙。”那么，雉跟龙交配，一定会生出异化的后代。何况雉又是文采光明的禽类，一旦顺应时令节候便能变成蜃，它内蕴的气质终不沉沦，于是得以流露英华，在天地之间吐露奇气，能跟自然造化的大手笔共垂不朽。这是蜃单单钟情于雉的原因，而不是普通甲壳类动物所能效法的。有人怀疑说：东南滨海地区，吴越闽广绵延万里，到处产雉。到处产雉则到处都可以进入海中变成蜃，但从古至今单单在登州莱县出现它的踪迹，为什么？我认为：海豞因风而涌动，鼍应雨而鸣叫，鳢鱼头上有北斗星的形象，鱼脑随着月亮的盈亏而盈亏。就算鳞虫和介虫这种种小东西，都符合天象。奎宿和娄宿在齐鲁之地分野，因此孕育出孔子的聪明之气，周公在此建国，于是就成了万古景仰的文明之地，难道这是偶然吗？《易经》里说：“云从龙，风从虎，圣人兴起而万物可见。”蜃凭借着文明之物的身份，声应气求，怎敢不涌灌在奎宿、娄宿之下，依附于周公、孔子的门墙呢？我知道雉进入大海变成蜃，也只在青州、兖州之所回归大海，而一定不去别的地方。即使别的地方的海上也有珠光阴火的异常景象，而海市蜃楼只出现在登州莱县。这就是我所说的“蜃”字单单从“辰”的原因。因为龙本是神物，身体覆盖着五色而游动，能大能小，能暗能明，变化无端。海中的动物得到它的精气和身体，样子外形相似的，是龙虾；气质类似的，是蜃楼。龙虽然是鳞虫的首领，而介绍介虫也一定以龙开始、以龙终结，这是为了让人明白龙之所以为龙，是因它无所不在。《篇海》引《史记·律书》说：“辰，是说万物都已孕育萌生”，难以理解。又引用《庄子》里“用蜃盛尿”，认为古人多用它来制作器物。愚按：古籍里，器物用蜃制作的非常少，只有盛尿的说法见于《庄子》，一定是有其根据的。

登莱何也予謂犹因風湧鼉應雨鳴鱷首戴星魚腦配月鱗介微物種種上符天象奎婁在齊魯之墟是以尼父毓靈元公建國遂成萬古景仰文明之地豈偶然哉易曰雲從龍風從虎聖人作而萬物覩蜃以文明之物聲應氣求敢不湧灌於奎婁之下依附於周孔之門墻乎吾知雉入大水為蜃亦惟在青兖之間以歸海而必不他適也雖他處海上亦或有珠光陰火之異而海市蜃樓獨紀於登莱之境此予之所謂蜃獨從辰者蓋以龍本神物被五色而遊能大能小能幽能明變化無端海中之物得其氣體以貌類者龍蝦是也以氣類者蜃樓是也龍雖為鱗虫之長而序介虫亦必以龍始而以龍終者以明龍之為龍無所不寄也篇海引史記曆書云辰者言萬物之蜃也難解又引莊子以蜃蜄溺謂古人多以為器愚按古典內器以蜃用者甚少惟蜄溺之說見於莊子必有取義

海市蜃樓贊

蝦蟹黿鼉氣聚蜃樓
蜃本雉化来自山丘

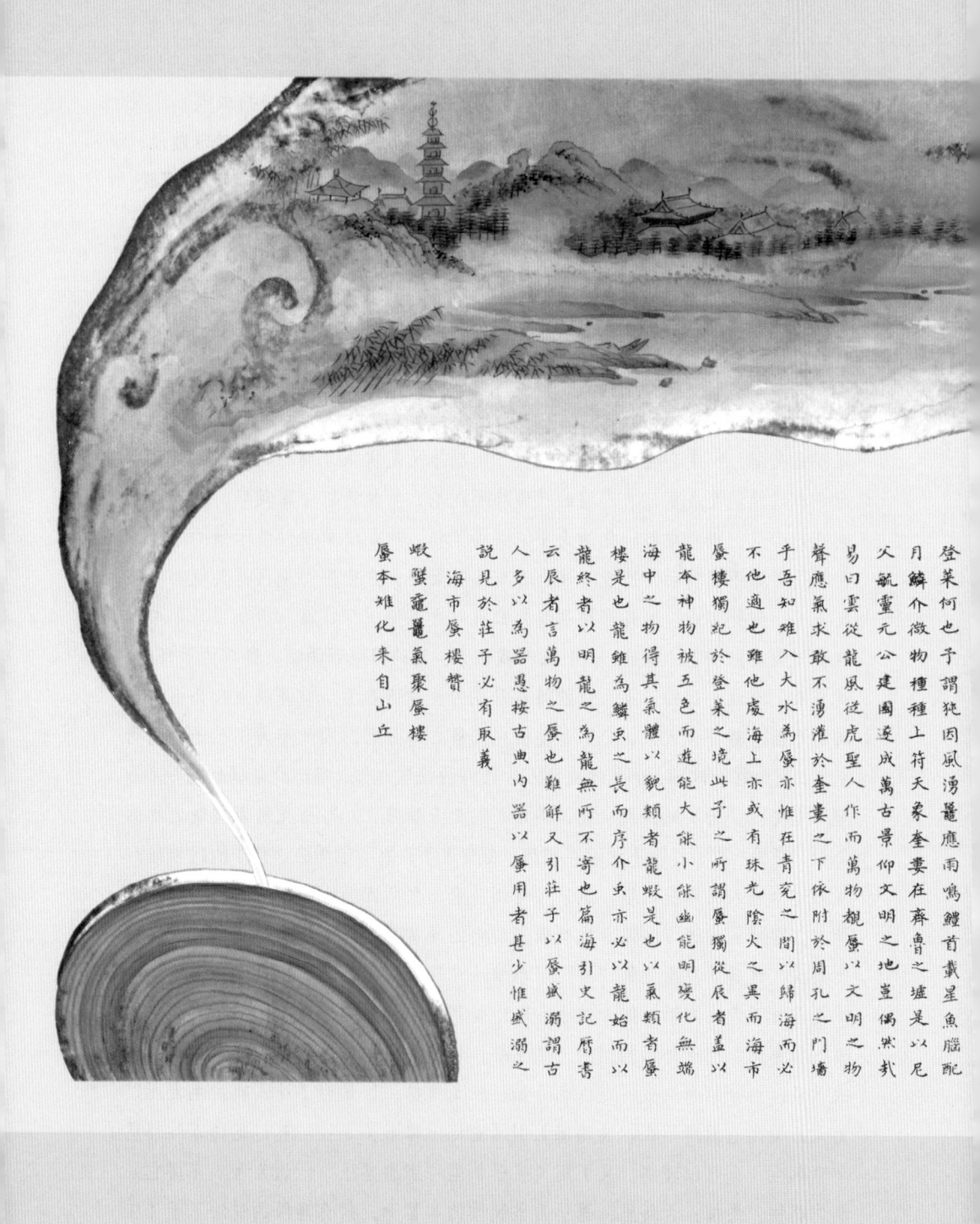

介蚌蜆螺蚶蛤蜊蠣蠔等物皆海中甲蟲也蜃亦負甲如蛤而大字獨從辰辰本龍屬與介不同其所以屬龍之故以愚揆之必有深意攷左傳宋文公卒始厚塟用蜃灰蜃灰如閩廣海濱之蠣灰也其為蛤屬無疑登州府志載城北去海五里春夏時遥見水面有城郭市肆人馬往来若交易狀土人謂之海市筆談亦載登州蓬莱縣納布老人言海市惟春三月東南風為盛見者城郭樓觀旗幟人物皆具變幻不一或大為峯巒或小為一畜一物其色青綠類水大率風水氣凝而成西風北風無之故冬月罕見也然東坡禱於海神歲晚見之有海市詩愚按納布老人聽說也云風水氣凝而成則不指蜃矣不知海旁蜃氣象樓臺昔人久已明言無人不解何必反云風水氣凝乎蜃形如蛤其房膜五色光華結而為氣遂與日月爭輝雲霞比色所謂玉韞則山輝珠涵則水媚有諸内必形諸外也況蜃尤非凡介之比攷彙書與桀載魯至剛云正月蛇與雉交生卵遇雷即入土數大為蛇形二三百年能升騰如卵不入土但為雉耳父蛇之雉或不能成蛟龍則必入于海而化為蜃此入大水為蜃之雉必非凡雉有龍之脉存焉故字從辰或謂蛇與雉交亦安見其為龍乎不知蛇有為龍之道述異記載虺五百年化為蛟蛟千年化為龍則雉之得交於龍必成異種況雉久為文明之禽一旦應候化而為蜃其抱負之氣終不沉淪遂得流露英華以吐奇氣於兩間堪與化工之筆共垂不朽此蜃之所以獨鍾於雉而非凡介之所能髣髴也或有起而疑之者曰東南濱海之區吴越閩廣延袤萬里所在産雉所在産雉則所在皆可入海以為蜃而自古至今獨現其跡於

珠蚌

珠蚌赞：蚌为珠母，月是蚌天。奇珍毓孕，岂曰偶然？

廉州合浦产珠。《廉志》有“珠母海”，在府城东南八十里巨海中，有平江、杨梅、青婴三池，中产大蚌珠母者，大珠在中，小珠环之。凡采珠，常于三月，用五牲[1]祈祷。若祠祭有失，则风搅海水。或有大鱼在蚌左右，则不能采。《异物志》称：合浦民善游水采珠，儿年十余岁便教游水。官禁民采珠，巧于盗者蹲伏水底，剖蚌得好珠，吞而出。或云活珠能藏嵌股内，能令肉合。《岭表录》载：廉州海中有洲岛，岛上有大池，谓之“珠池”，每岁采老蚌割珠充贡。池虽在海上，而人疑其底与海通，池水乃淡。此不可测也。土人采小蚌，往往得细珠。愚按：产珠之母不止于蚌，蛇、鱼、龟、鳖，若螺，若蚶，间[2]亦有珠，而淡菜中之珠尤多。大约海中有淡水冲出处能生，故湖泽之蚌皆有。而吾乡湖郡尤善产珠。近年更有种珠，其初甚秘，今则遍地皆是矣。闻其种法，盖取大蚌房及荔枝蚌房之最厚者，剖而琢之，为半粒圆珠状，启闭口活蚌嵌入之，仍养于活水，日久，其所嵌假珠吸粘蚌房，逾一载，胎肉磨贴，俨然如生。造者得同类气体相感之义，一如剪桃接桃[3]而桃与桃并华，泯然无迹也。其珠亦有美恶高下不等，大约长于活水者，其色温润而璀燦，长于污池死水者，其色呆白而枯暗。然而千万之中，间有一二色带微红而光泽赛真珠者，但不可多得。或曰：“造者既得种法，何不为圆珠，乃作半粒？”何拙手曰：“种者非不欲得圆珠也，闻其初亦尝以圆珠纳入蚌胎，养于水盆试之。每蚌开房游泳，见胎肉出水荡漾，其珠圆活不定，多随水滚出。盖房滑珠转，无从着脚，故变其法作半珠式，使上圆下平，乃得依附，日久竟不摇动，而且与老房磨成一片。”初种之时，贾人不以伪珠售。先是，都下[4]刀鞬、鞍辔诸饰，贵介者多以大珠剖而为二镶嵌，令平正稳实而华美，贾人即以半粒之种珠潜迎时好。且种珠皆大，尤为夺目，乃嵌入马鞍、鞦辔、弓袋、刀鞬[5]之间，鎏以黄金，杂以绿松宝石，谁不目之为真珠？多获大利，事此者常起家[6]焉。迩年[7]为识者所破，而种珠亦多，遂不能秘藏而遍鬻于市，或列于肆[8]，或张之几[9]，或挈[10]于筐，或捧于盘，或囊于肩，或席于道，贸易四方，乡村城市无地非种珠矣。大珠，至宝也，宝则宜乎稀有而不滥，滥则不成其为宝矣，明月珠不欲与鱼目争光。合浦之珠宁无远徙乎？老蚌有知，必破浪翻波而起，曰：“然！”

合浦之海，中秋有月则多珠。每月夜，蚌皆放光，与月其辉，黄绿色，廉乡之人多有能见之者。蚌非卵生，而化根无迹。尝闻湖郡人云：淡水之蚌多系蜻蜓戏水，尾后每滴白汁一点即成蚌子。予闻而奇之。今见诸变化之物不一而信其说，海蚌当亦类然。

---

[1] 五牲：古代用作祭品的五种动物。即牛、羊、豕、犬、鸡。[2] 间（jiàn）：偶尔。[3] 剪桃接桃：指桃树的嫁接技术。我国的嫁接技术历史悠久，汉代氾（fán）胜之的《氾胜之书》、北魏贾思勰的《齐民要术》里都有记载。[4] 都（dū）下：京都。[5] 此处“刀鞬”《海错图》原文误作“刀键”，据上文改。[6] 起家：发家。[7] 迩年：近年。[8] 肆：铺子；商店。[9] 几（jī）：小桌子。[10] 挈（qiè）：提起。

| 译文 |

廉州合浦产珍珠。《廉志》里有“珠母海”，在府城东南八十里大海中，有平江、杨梅、青婴三个池子，其中出产的大蚌珠母，大珠在中央，小珠环绕着大珠。但凡采珠，常在三月，采前须用五牲祈祷。如果祭祀有所缺失，就会导致风搅海水。有时候有大鱼在蚌的左右，就不能采。《异物志》里说：合浦的百姓善于游水采珠，孩子刚刚十多岁就教他游水。官府禁止民间采珠，精于盗采的人蹲伏在水底，剖开珍珠蚌得到好珍珠，吞进嘴里游出来。传说活的珍珠能嵌入大腿里藏着，它能让肉愈合。《岭表录》记载：廉州海中有洲岛，岛上有大池，叫作“珠池”，每年人们采老蚌割珠作为贡品。池子虽然在岛上，人们却怀疑它底下跟大海相通，不过池水居然是淡的，着实让人难以捉摸。当地人采小蚌，往往能得到小珍珠。愚按：能产珍珠的母体不仅仅限于蚌，蛇、鱼、龟、鳖、螺、蚶偶尔也有珍珠，淡菜中的珍珠则更多。大概海中有淡水喷涌的地方就能生珍珠，所以湖泽的蚌也都能生。我的家乡湖郡盛产珍珠。近年更有种（zhòng）珠技术，这种技术最初非常机密，现在则人尽皆知了。听说那种珠之法，是取大的蚌壳或荔枝蚌壳里最厚的，剖开打磨，磨成半粒圆珠的样子，开启闭口的活蚌嵌入，仍养在活水里。时间长了，那嵌入的假珍珠吸粘在蚌壳上，超过一年就和蚌肉贴合在一起，简直就像是自然生长出来的。种珠之人利用了同气相感的原理，完全就像桃树嫁接后，接穗与砧木一起开花，一点儿也看不出人工痕迹。当然，种珠也有好坏高下之分，长在活水里的，它的颜色温润而璀璨，长在污池死水里的，它的颜色呆白而枯暗。然而千万颗珍珠之中，偶尔也有一两颗颜色微红而光泽赛过真珍珠的，但不可多得。有人说：“造假者既然获得了种珠法，为什么不做成圆珠，而是制作成半圆形？”何拙手说：“种珠的人不是不想得到圆珠，听说最初也曾经将圆珠纳入蚌胎，养在水盆里试验。每当蚌打开蚌壳游泳，蚌肉探出体外，那珠子圆活不定，多随水滚出。因为蚌壳光滑，珠子转动，无处落脚，所以改变方法作半珠式，使它上圆下平，才得以依附，时间久了也不易脱落，而且与老蚌壳融为一体。”种珠之法刚开始流行于世时，商人不是按假珍珠来出售。当时京城里的王公贵族们多是将大珠一剖为二，镶嵌在刀鞘、鞍鞯等诸多装饰上，使它平正稳实而华美，商人就偷偷用半粒的种珠迎合人们的喜好。而且种珠硕大夺目，把它嵌入马鞍、鞦辔、弓袋、刀鞘之间，鎏上黄金，杂以绿松宝石，谁不把它视作真的珍珠？因此，很多商人获得巨大的利润，从事种珠的人常常以此发家。近年来被懂行之人识破，加之种珠之法不再是秘密，奸商们就不能再偷摸以次充好了。因此，神珠沦落为市场的大路货，或者在商店里陈列，或者在桌子上摆放，或者用筐提着，或者用盘子捧着，或者装在口袋里扛着，或者在道边铺在席子上，被四处兜售，乡村城市到处都有它的踪迹。大珍珠是最珍贵的宝物，宝物则应该稀有而不能泛滥，泛滥了就不称其为宝了，明月宝珠是不想跟鱼眼睛争光的。合浦的珍珠难道不愿迁移到远处吗？老蚌假如有知，一定会破浪翻波而起，说：“我愿意！”

合浦之海，中秋有月则多珠。每到月夜，珍珠蚌都会放光，与月亮一同发光，光是黄绿色的，廉州很多人都曾见到。蚌不是卵生，而变化的来历无从追寻。曾听湖郡的人说：淡水里的蚌多是蜻蜓戏水而生，蜻蜓尾巴后每滴一点白汁就成了蚌子。我听了很惊奇。现在见到各种变化的东西情况不一，就相信了这种说法，海蚌应当也跟这种情况类似。

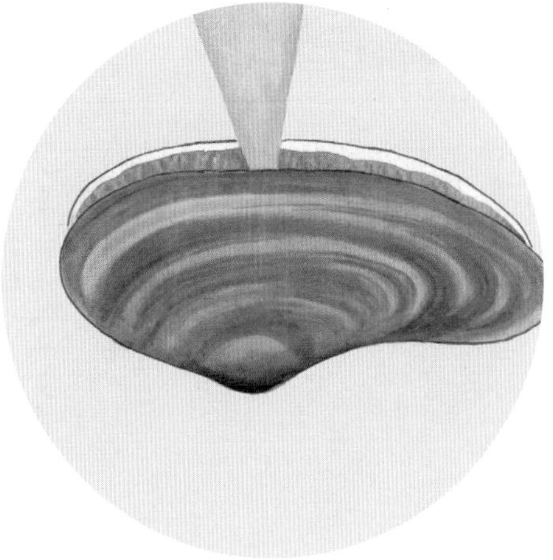

與老房磨成一片初種之時賈人不以偽珠售先是都下刀韃鞍轡諸飾貴介者多以大珠剖而為二鑲嵌令平正穩實而華美賈人即以半粒之種珠潛迎時好且種珠皆大尤為奪目乃嵌入馬鞍鞦轡弓袋刀鞬之間參以黃金雜以綠松寶石誰不目之為真珠多獲大利事此者常起家爲通年為識者所破而種珠亦多遂不能秘藏而遍鬻於市或列於肆或張之几或挈於筐或捧於盤或囊於肩或席於道貿易四方鄉村城市無地非種珠矣大珠至寶也寶則宜乎稀有而不濫濫則不成其為寶矣明月珠不欲與魚目爭光合浦之珠寧無遠徙乎老蚌有知必破浪翻波而起曰然

合浦之海中秋有月則多珠每月夜蚌皆放光與月其輝黃綠色廉鄉之人多有能見之者蚌非卵生而化根無跡嘗聞湖郡人云淡水之蚌多係蜻蜓戲水尾後每滴白汁一點即成蚌子予聞而奇之今見諸變化之物不一而信其說海蚌當亦類然

珠蚌贊

蚌為珠母　月是蚌天
奇珍毓孕　豈曰偶然

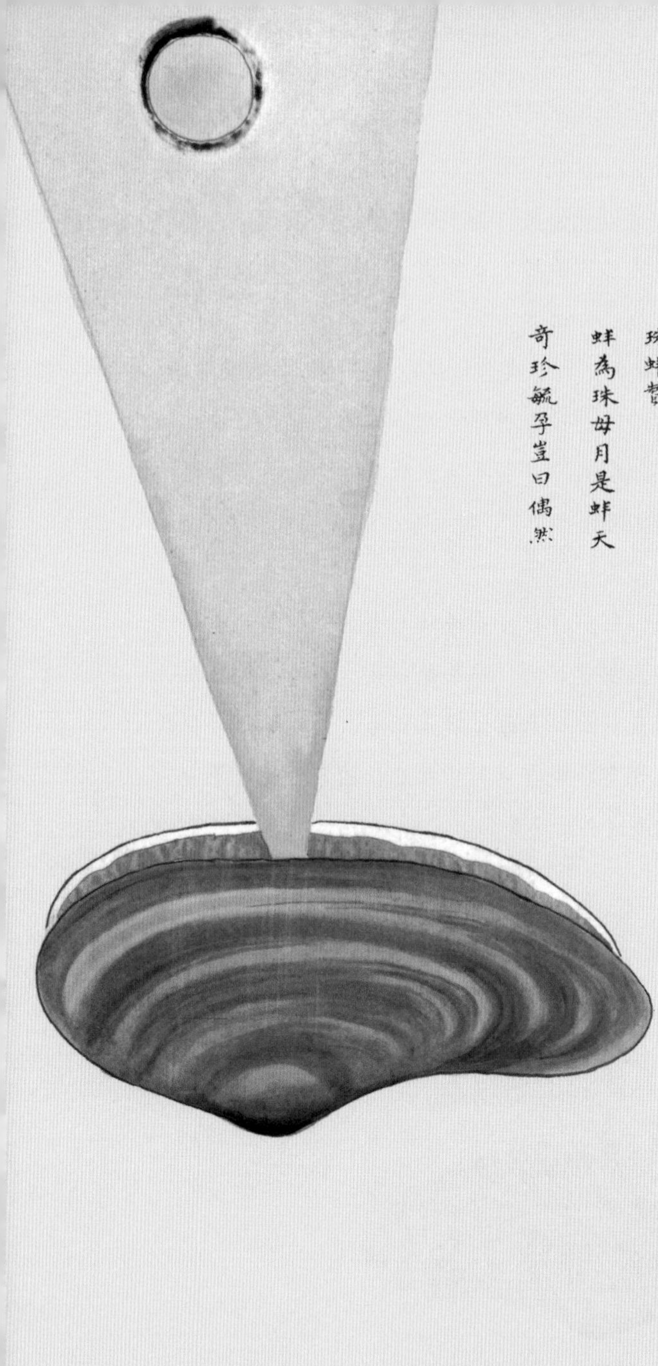

廉州合浦產珠廉志有珠母海在府城東南八十里巨海中有平江楊梅青嬰三池中產大蚌珠母者大珠在中小珠環之凡採珠常於三月用五牲祈禱若祠祭有失則風攪海水或有大魚在蚌左右則不能採異物志稱合浦民善游水採珠兒年十餘歲便教游水官禁民採珠巧於盜者蹲伏水底剖蚌得好珠吞而出或云活珠能藏嵌股內能令肉合嶺表錄載廉州海中有洲島島上有大池謂之珠池每歲採老蚌割珠充貢池雖在海上而人疑其底與海通池水乃淡此不可測也土人採小蚌往往得細珠愚按產珠之母不止於蚌蛇魚龜鱉若螺若蛤間亦有珠而淡菜中之珠尤多大約海中有淡水沖出處能生故湖澤之蚌皆有而吾鄉湖郡尤善產珠近年更有種珠其初甚秘今則徧地皆是矣聞其種法盖取大蚌房及荔枝蚌房之最厚者剖而琢之為半粒圓珠狀啟閉口活蚌嵌入之仍養於活水日久其所嵌假珠吸粘蚌房逾一載胎肉磨貼儼然如生造者得同類氣體相感之義一如剪桃接桃而萼與萼並華泯然無跡也其珠亦有美惡高下不等大約長於活水者其色溫潤而燿燦長於汙池死水者其色呆白而枯暗然而千萬之中間有一二色帶微紅而光澤賽真珠者但不可多得或曰造者既得種法何不為圓珠乃作半粒何拙手曰種者非不欲得圓珠也聞其初亦嘗以圓珠納入蚌胎養於水盆試之每蚌開房游泳見胎肉出水蕩漾其珠圓活不定多隨水滚出盖房滑珠轉無從着脚故變其法作半珠式使上圓下平乃得依附日久竟不搖動而且

螺之化蟹比比皆是蚌之化蟹則僅見也閩海有一種小蚌綠色而殼有瘤剖之無肉而紅蟹栖焉以螺而類推之亦化生也然亦偶見不多

綠蚌化紅蟹贊

看綠衣郎擁紅袖女
你便是我我便是你

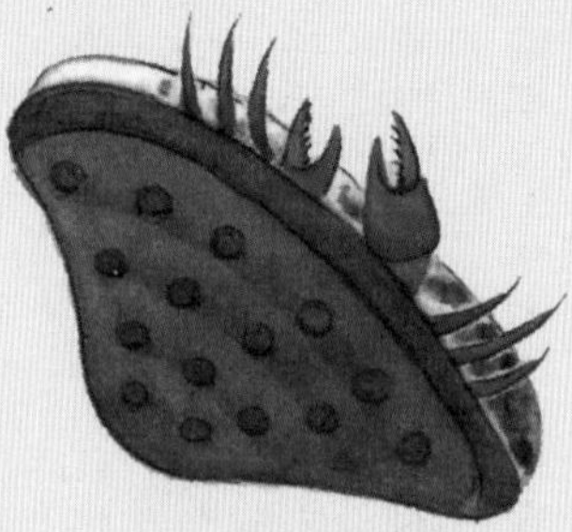

绿蚌化红蟹

绿蚌化红蟹赞：看绿衣郎，拥红袖女。你便是我，我便是你。

螺之化蟹，比比皆是，蚌之化蟹则仅见[1]也。闽海有一种小蚌，绿色而壳有瘟[2]。剖之无肉，而红蟹栖焉。以螺而类推之，亦化生也，然亦偶见不多。

[1] 仅见：极其少见。[2] 瘟（lěi）：同“瘤”，中医指皮肤上起的小疙瘩。

| 译文 |

螺变成蟹，比比皆是，蚌变成蟹则极其少见。福建海域有一种小蚌，通身绿色而壳上有疙瘩。剖开没有肉，有红色的螃蟹栖息在里面。以螺的变化类推，这种蟹也是化生，然而也是偶然见之。

花　蛤

花蛤赞：色泽千百，青黄赤黑。聚养水盆，居然文石。

花蛤，亦名沙蛤，壳上作黄白青黑花纹，如画家烘染之笔轻描淡写，虽盈千累百[1]，各一花样，并无雷同，奇矣。而本体[2]两片花纹相对不错[3]，益叹化工巧手之精细尤奇。食此者，味虽薄于蛏，而腌鲜皆可口，壳厚者尤大而美。闽中罗源、连江海涂有，然发亦有时也。

[1] 盈千累百：成百上千，形容数量非常多。盈，满；累，积。[2] 本体：同一个体。[3] 相对不错：对称。

｜译文｜

花蛤，也叫沙蛤，壳上呈现黄白青黑色的花纹，像画家烘染之笔轻描淡写，虽然数量非常多，但每只都各有一种花样，并没有雷同的，很是神奇。而同一只花蛤的两片花纹是对称的，更让人赞叹自然造化之手的精细程度太神奇了。这种花蛤味道虽然比蛏淡，但腌制的和新鲜的都很可口，壳厚的尤其大而味美。花蛤在福建地区罗源和连江的海滩较多，然而成批出现也是有时令的。

花蛤亦名沙蛤，殻上作黄白青黑花紋，如画家烘染之筆，輕描淡寫，雖盈千累百，各一花樣，並無雷同，竒矣！而本體兩片花紋相對不錯，益嘆化工巧手之精細。尤竒食此者味雖薄於蟶，而醃鮮皆可口。殻厚者尤大而美。閩中羅源、連江海塗有，然發亦有時也。

花蛤賛

色澤千百，青黄赤黑。聚養水盆，居然文石。

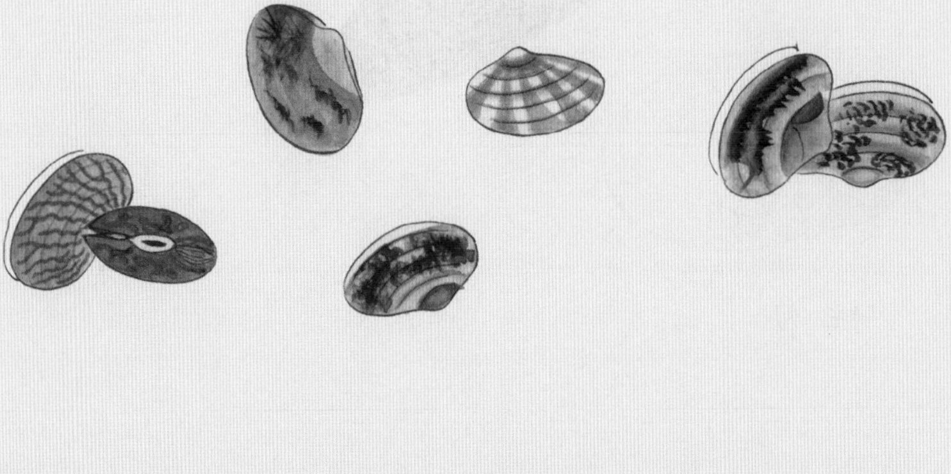

江瑶柱一名馬頰柱生海岩深水中種類不多殼薄而明剖之片片可拆大如人掌肉嫩而美其連殼一肉釘大如象棋瑩白如玉横切而烹之甚佳其汁白予寓赤城得覩其形而嘗其味愚按江瑶美其肉之如玉也馬頰以其狀之如馬頰也閩廣志内俱載但多悮書馬甲柱

江瑶柱賛

煮玉為漿
調之寶鐺
席上奇珍
江瑶可嘗

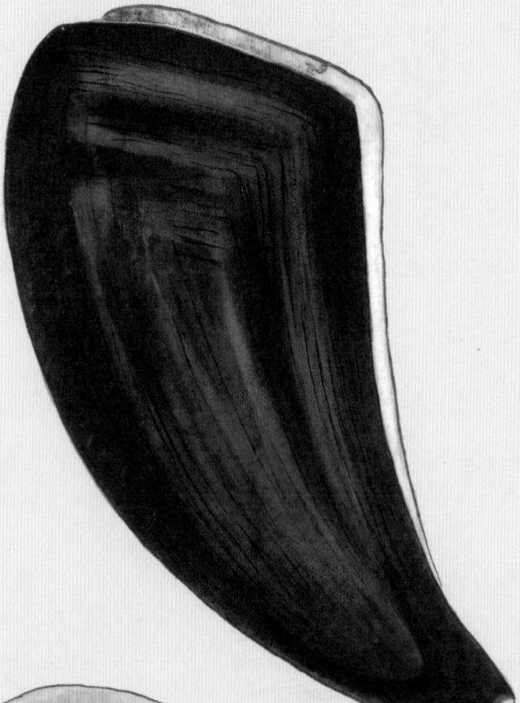

柱肉

江瑶柱

江瑶柱赞：煮玉为浆，调之宝铛。席上奇珍，江瑶可尝。

江瑶柱，一名“马颊柱”。生海岩深水中，种类不多，壳薄而明，剖之片片可拆，大如人掌。肉嫩而美，其连壳一肉钉大如象棋，莹白如玉，横切而烹之甚佳，其汁白。予寓赤城，得睹其形而尝其味。愚按：江瑶，美其肉之如玉[1]也；马颊，以其状之如马颊也。闽、广志内俱载，但多误书“马甲柱”。

[1] 美其肉之如玉：瑶，是美玉的意思，因为赞美它的肉像美玉，所以名字里用了“瑶”字。

| 译文 |

江瑶柱，也叫“马颊柱”。它生长在海岩深水中，种类不多，壳薄而透明，剖开它的壳可以拆成一片一片的，大小像人的手掌。它的肉质嫩而美，连着壳的一块肉钉大小如同象棋子，莹白如玉，横切烹制，味道非常好，汤汁是白的。我住在赤城时，得以见到它的样子并尝到它的滋味。愚按：江瑶，这名字是赞美它的肉像美玉一样；马颊，是因为它的样子像马的脸颊。福建、两广的方志里都有记载，但多误写成“马甲柱”。

蛤　蛏

蛤蛏赞：谓蛤不是，指蛏又非。蛏蛤之间，仿佛依希。

蛤蛏，土名。淡黄，壳薄肉少。海人于泥涂中拣得，甚多，亦贱售，非食品之所重也。海月以下皆系蛤类，荔枝蛏以上皆系蛏类。蛤蛏介召其间，在《海错图》中反为生色。

｜译文｜

蛤蛏，是土名。它呈淡黄色，壳薄肉少。生活在海边的人常能在滩涂上拣得，因此卖得也便宜，不是人们所看重的食品。海月以下的篇目都是蛤类，荔枝蛏以上的篇目都是蛏类。蛤蛏介于两者之间，在《海错图》中反而别具特色。

蛤蟶土名淡黃殼薄肉少海人於泥塗中揀得甚多亦賤售非食品之所重也海月以下皆係蛤類荔枝蟶以上皆係蟶類蛤蟶介召其間在海錯圖中反為生色

蛤蟶贊

謂蛤不是指蟶又非
蟶蛤之間彷彿依希

白蛤生浙閩海塗中潮退在沙上取之者甚易色黄白而大似盞為羮不着鹽而自鹹

按諸類書介虫部訓蛤皆曰雀入大水為蛤此物是也及讀本草則不然謂指黿也黿亦名蛤字彙云黿蝦蟇也蝦蟇化鶉田鼠化鴑其形體正相等雀入水為蛤指蝦蟇似非謬然形體而論雀既難化蛤雉又何能化蜃存疑俟有辨者

白蛤贊

蛤亦海介　採来入画
考之類書　皆云雀化

白　蛤

白蛤赞：蛤亦海介，采来入画。考之类书，皆云雀化。

白蛤，生浙闽海涂中，潮退在沙上，取之者甚易。色黄白而大似盏，为羹不着盐而自咸。

按：诸类书介虫部训“蛤”，皆曰：“雀入大水为蛤。”此物是也。及读《本草》则不然，谓指蛙也，蛙亦名“蛤”[1]。《字汇》云：“蛙，虾蟆也。”虾蟆化鹑，田鼠化鴽[2]，其形体正相等。雀入水为蛤，指虾蟆似非谬。然形体而论，雀既难化蛤，雉又何能化蜃？存疑俟有辨者。

[1] 蛙亦名“蛤”：蛙的别名里，“蛤”字应该读há，而介壳类动物蛤的“蛤”字应该读gé。《海错图》的作者聂璜受所处时代的局限，缺乏足够的知识，又囿于动物能相互变化这样的错误认知，才陷入了这种文字游戏的误区。[2] 鴽：鹌鹑。参见416页内容。

| 译文 |

白蛤，生在浙江、福建的海滩中，潮水退了它就留在沙滩上，获取它非常容易。它颜色黄白，像盏那样大，做羹不放盐而自带咸味。

按：众多类书的介虫部解释“蛤”，都说：“雀进入大海变成蛤。”这种动物便是如此。等到我读《本草》则发现不是这样，应该指的是蛙，蛙也叫“蛤”。《字汇》里说：“蛙，是虾蟆。”虾蟆变成小鹌鹑，田鼠变成大鹌鹑，它的形体正好相等。雀入水变成蛤，指虾蟆似乎不错。然而就形体而论，雀既然难以变成蛤，雉又怎么能变成蜃？姑且存疑，等待有分辨能力的人来解释它。

車螯生海沙中大者如盌湯澇而劈殼食之須帶微生則味佳其殼外微紫白而内瑩潔投地不碎可充畫家丹碧具或云此物能乘風浮海面往來而張其半殼為帆揚州淮海來者甚多而肥閩中惟連江長樂海濱等處產且少不能四達

車螯贊

車螯乘波海上浮游
雖以車名其實似舟

车螯

车螯赞：车螯乘波，海上浮游。虽以车名，其实似舟。

车螯，生海沙中。大者如碗，汤涝[1]而劈壳食之，须带微生则味佳。其壳外微紫白而内莹洁，投地不碎，可充画家丹碧[2]具。或云：此物能乘风浮海面往来，而张其半壳为帆，扬州、淮海来者甚多而肥。闽中惟连江、长乐海滨等处产，且少，不能四达。

[1] 涝（láo）：洗。[2] 丹碧：丹青，指绘画。

| 译文 |

车螯，生在海沙中。大的像碗，用热水洗净，劈开外壳就能吃了，别太熟透，带点儿生则味道最好。它的外壳微呈紫白色而里侧晶莹洁白，扔到地上不碎裂，可以充当画家绘画的工具。有人说这种动物能张开它的半个壳当帆，乘风浮在海面上往来。扬州、淮海一带的车螯非常多且肥美。福建地区只有连江、长乐海滨等地出产，而且数量少，不能运往各处售卖。

蠕 蚬

蠕蚬合赞：蠕因雷发，蚬以雾成。番禺天蛤，所由以名。

广东番禺有白蚬塘，广二百余里，每岁春暖雾起，名“落蚬天”，有白蚬飞堕，微细如尘，然落田中则死，落海中得咸水则生。秋长冬肥，积至数丈[1]乃捞取。蠕比黄蚬而大，闻雷则生，雷少则鲜[2]，故文从“雷”。

[1] 积至数丈：指蚬子堆积的厚度。可参考《南越笔记》所引粤人歌谣：“南风起，落蚬子。生于雾，成于水。北风瘦，南风肥。厚至丈，取不稀。”[2] 鲜（xiǎn）：少。

| 译文 |

广东番禺有个白蚬塘，方圆二百多里，每年春暖雾起的日子，被称为“落蚬天”，有白蚬飞来坠落，细小得像尘土。然而它落到田里就死，落到海里遇到咸水就生长。秋天生长，冬天就变得很肥美，人们等它积累到几丈厚才捞取。蠕比黄蚬大，听到雷声就生发，雷少它就少，所以“蠕”字从“雷”。

廣東番禺有白蜆塘廣二百餘里每歲春煖霧起名落蜆天有白蜆飛隨微細如塵然落田中則死落海中得鹹水則生秋長冬肥積至数丈乃撈取蠕比黃蜆而大聞雷則生雷少則鮮故文從雷

蠕蜆合贊

蠕因雷發蜆以霧成
番禺天蛤所由以名

白蜆

蠕

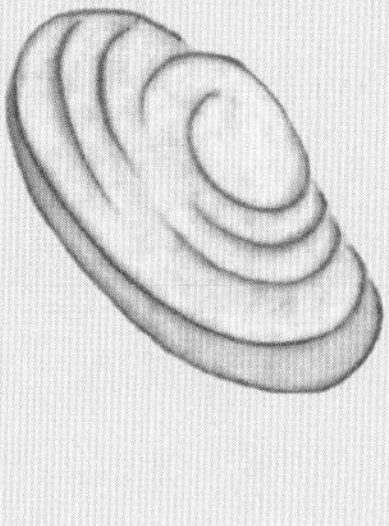

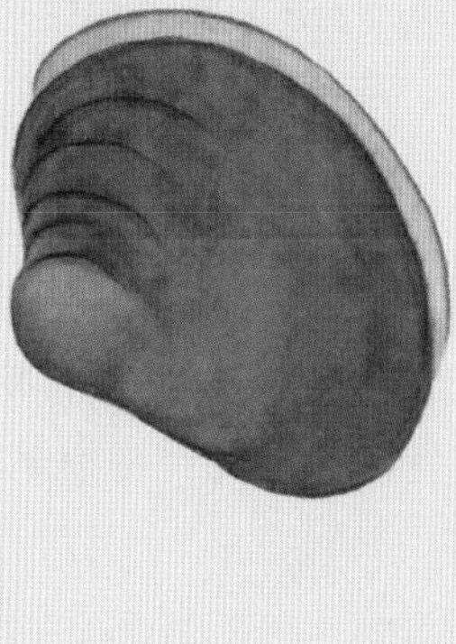

海　月

海月赞：昭明有融，是称海月。暗室借光，萤窗映雪。

海月，亦名“海镜”，土名“蛎盘”。生海滩间，壳圆而薄，色白，故以“月”“镜”名。其房平坦，可琢以饰窗楞及夹竹作明瓦[1]。肉匾小而味腴，薄脆易败[2]，不耐时刻[3]，故海滨人得食，无入市卖者。按：海月壳上尝有撮嘴生其上，其肉亦尝有小蟹匿之。考类书，海月土名“膏叶”，盘内有小红蟹如豆，海月饥则蟹出拾食，蟹饱归腹，海月亦饱。有捕得海月者，海月死，小蟹趋出，须臾亦死。由是观之，海月与小蟹盖“更相为命[4]”者也，又岂特伐乔松[5]而茑萝枯，芟[6]蔓草而菟丝萎哉？或曰蛤类名“蒯”、蚌类名“蟦蛣”，并能孕蟹，与海月同。寄生之蟹又如是其不一。

[1] 夹竹作明瓦：古代富户在窗户等处使用的用来采光的半透明薄片，主要材料为海洋贝类的贝壳、羊角、天然透明云母片等。明瓦的镶嵌极为规则和严谨，先要用薄竹片编织成网格，再将明瓦嵌入其中。[2] 败：腐烂变质。[3] 不耐时刻：不利于长时间保存。[4] 更相为命：相互依靠着生活，谁也离不开谁。语出晋代李密《陈情表》。[5] 乔松：高大的松树。[6] 芟（shān）：割。一般只用于割草。

｜译文｜

海月，也叫“海镜”，土名叫“蛎盘”。它生在海滩间，壳圆而薄，颜色洁白，所以用“月”“镜”命名。它的壳平坦，经过打磨，可以用来装饰窗楞及镶嵌在竹网中以作明瓦。它的肉扁小而味道醇厚，又薄又脆容易腐坏，不利于长时间保存，所以只有生活在海边的人才能吃到，市场上难觅其踪影。

按：海月壳上总有藤壶生在上面，它的肉里也总有小蟹藏匿。考查类书，海月土名叫“青叶”，圆壳里有豆粒大的小红蟹，海月饿了则小蟹出去找食物，小蟹吃饱了回到它腹内，海月就也饱了。有捕得海月的，如果海月死了小蟹就会跑出来，很快也会死掉。由此看来，海月和小蟹大概就是所谓的“相依为命”了，有这种情况的，又岂只有砍掉高大的松树而茑萝枯萎，芟除蔓草而菟丝枯萎这两种呢？有人说蛤类名叫“蒯”、蚌类叫“蟦蛣”，这两类都能孕育蟹类，跟海月一样。寄生的蟹都像这样但各有不同。

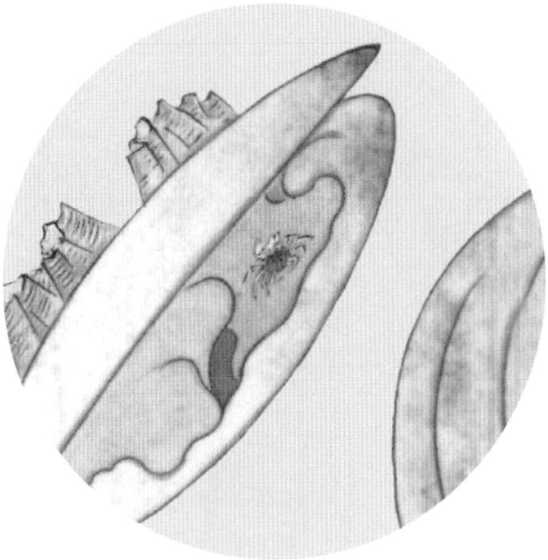

海月赞

昭明有融是称海月
暗室借光萤窗映雪

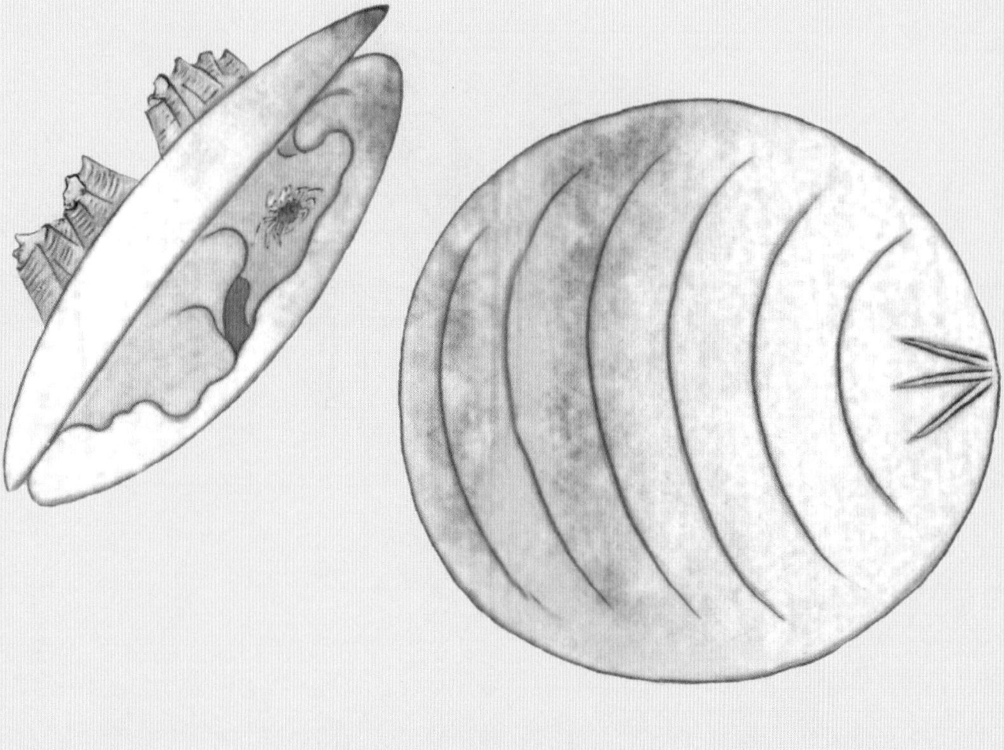

海月亦名海鏡土名蠣盤生海灘間殼
圓而薄色白故以月鏡名其房平坦可
琢以飾窗槅及夾竹作明瓦肉匾小而
味腴薄脆易敗不耐時刻故海濱人得
食無入市賣者按海月殼上嘗有撮嘴
生其上其肉亦嘗有小蟹匿之考類書
海月土名膏葉盤內有小紅蟹如豆海
月饑則蟹出拾食蟹飽歸腹海月亦飽
有捕得海月者海月死小蟹趨出須臾
亦死由是觀之海月與小蟹蓋更相為
命者也又豈特伐喬松而蔦蘿枯芟蔓
草而菟絲萎哉或曰蛤類名蒯蚌類名
蟦蛣並能孕蟹與海月同寄生之蟹又
如是其不一

麥藁蟶其殼細長如麥草狀產福清海

邊亦可食他處則鮮有也

麥藁蟶贊

豆芽鮝栽植物不少

蛤名海麥蟶更稱藁

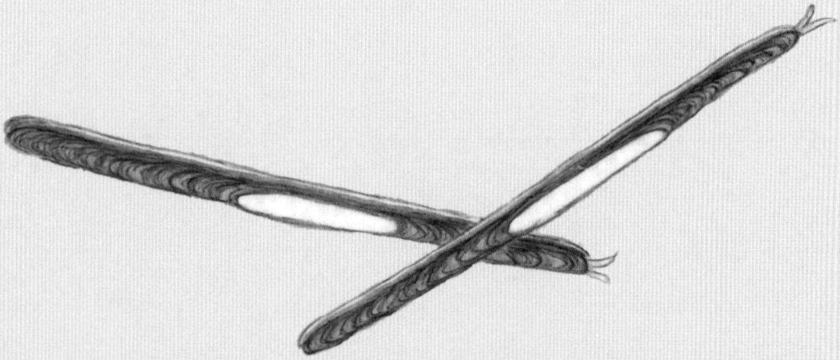

麦藁蛏

麦藁蛏赞：豆芽瓠栽，植物不少。蛤名海麦，蛏更称藁。

麦藁[1]蛏，其壳细长如麦草状。产福清海边，亦可食，他处则鲜有也。

[1] 藁：音gǎo。

| 译文 |

麦藁蛏，它的壳细长，像麦草的样子。产在福清海边，也能食用，别的地方则很少有。

马蹄蛏

马蹄蛏赞：天马行空，忽落海滨。涔蹄遗迹，变为蛏形。

马蹄蛏，其壳如马蹄状，产福清海涂。其肉烹食亦松脆而味清。

｜译文｜

马蹄蛏，它的壳像马蹄的形状，产在福清滩涂。它的肉烹煮后松脆而味道清香。

馬蹄蟶其殼如馬蹄狀産福清海塗其肉烹食亦鬆脆而味清

馬蹄蟶贊

天馬行空忽落海濱

涔蹄遺跡變爲蟶形

牛角蛏

牛角蛏赞：泥牛入海，都无消息。惟角幻蛏，其肉五色。

牛角蛏，产福宁州海涂。其色、其状望之绝类[1]，比比然者。康熙己卯[2]四月四日，海人持牛角蛏赠予，予见之大快。其壳略如马颊柱而纹各异，活时张开。其肉五色灿然，有两肉钉连其壳：一连于上，近外而小；一连于腹，如柱而大。其中层次细微，不能辨，乃蒸熟脱其肉，养于水[3]中而研求之。大约如淡菜体而唇薄，两钉大小白色者，两圆物紫色如弹，是其血囊，其色黄赭，浅深相错，虽善画者难绘。尝之，其味麻口而辣如蓼螺。然所最异者，有毛一股，其细如绒而多，似乎漾出。海潮粘取虫鱼，缩进则食之。凡龟脚撮嘴，皆有毛可以张弛，多就潮水取细虫以食，是以知此蛏亦然。但此毛甚繁而细，疑类鸟毛，不知何鸟所化，故备存其图与说，以俟后有博识者辨之。

[1] 绝类：特别像。这里指牛角蛏特别像牛角。[2] 康熙己卯：康熙三十八年，公元1699年。[3] 养于水：此处是泡在水里的意思。

| 译文 |

牛角蛏，产在福宁州的滩涂。它的颜色、形状看起来都特别像牛角，每一个都是如此。康熙三十八年四月四日，生活在海边的人将牛角蛏拿来送给我，我见到了非常开心。它的壳略像马颊柱而花纹各不相同，活着的时候为张开状。它的肉五颜六色，有两肉钉连着它的壳：一个连在上边，接近外缘而比较小；一个连在腹部，像柱而较大。其中层次细微，不能分辨，于是蒸

熟了取它的肉，泡在水中来研究它。它的肉像淡菜的身体而边缘较薄，两个大小肉钉是白色的，两个紫色弹丸状物体是它的血囊，牛角蛏内部的颜色黄赭，浅深相错，即使是善于绘画的人也难以画出来。品尝一下，它的味道又麻又辣，吃起来像蓼螺。然而最奇特的是它有一撮毛，细得像绒毛且非常多，似乎要溢出来了。涨潮的时候牛角蛏用它粘取虫鱼，再缩回来把虫鱼吃掉。凡是龟脚和藤壶，都有毛可以张弛，多借着潮水取小虫来吃，因此可知蛏也是这样。但牛角蛏的毛非常多且细小，疑似鸟毛，不知它是什么鸟所变，所以备存它的图与有关它的说法，以等待将来有学识渊博的人来辨别。

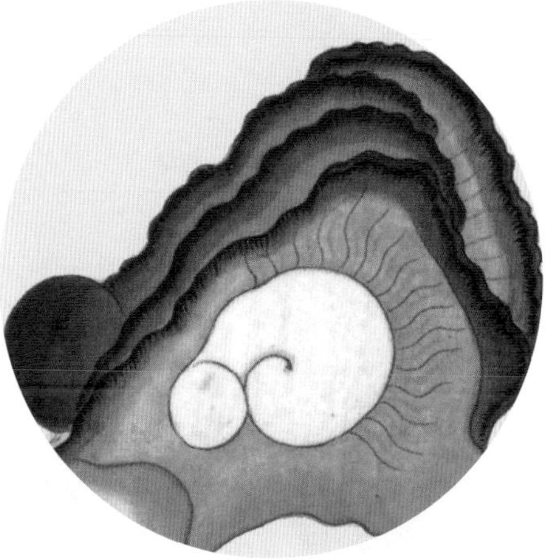

麻口而辣如蓼螺然所最異者有毛一股其細如絨而多似乎漾出海潮粘取蟲魚縮進則食之亦龜脚撮嘴皆有毛可以張弛多就潮水取細蟲以食是以知此蟶亦然但此毛甚繁而細疑類鳥毛不知何鳥所化故備存其圖與說以俟後有博識者辨之

牛角蟶贊

泥牛入海都無消息
惟角幻蟶其肉五色

牛角蟶肉

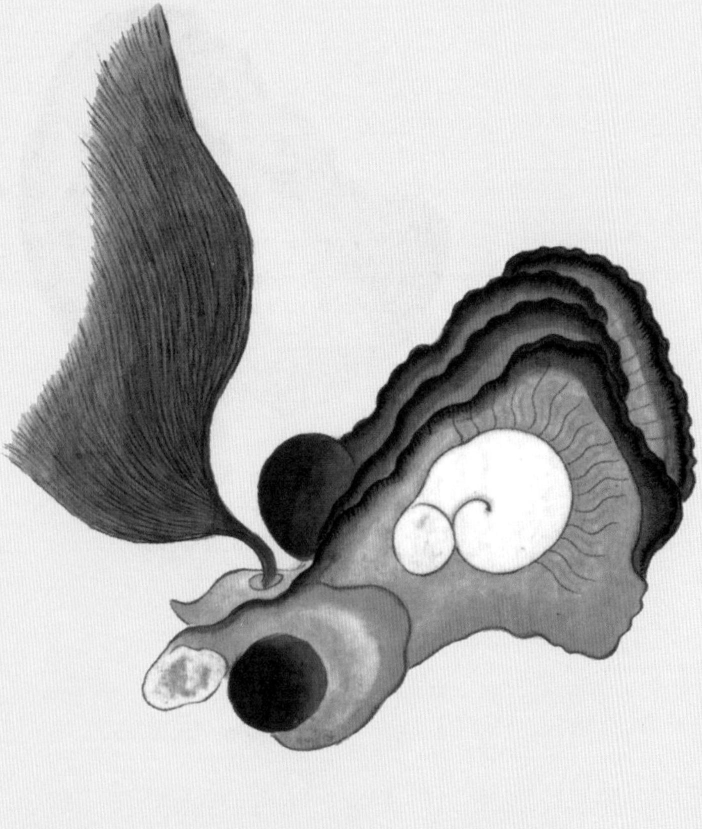

牛角蟶產福寧州海塗其色其狀望之絕類以比然者康熙己卯四月四日海人持牛角蟶贈予予見之大快其殼略如馬頰柱而紋各異活時張開其肉五色燦然有兩肉釘連其殼一連於上近外而小一連於腹如柱而大其中層次細微不能辨乃蒸熟脫其肉養于水中而研求之大約如淡菜體而唇薄兩釘大小白色者兩圓物紫色如彈是其血囊其色黃赭淺深相錯雖善畫者難繪嘗之其味

剑　蛏

剑蛏赞：长剑倚天，日月争明。余光落海，化为小蛏。

剑蛏，惟产闽之福宁、宁德。似蛏而小，壳薄且区[1]，而味清。夏月始有。其壳白色而锋利，故以“剑”名。

[1] 区：小。

| 译文 |

剑蛏，仅产于福建的福宁、宁德。像蛏子却比蛏子小，壳薄而且小，但是味道清香。剑蛏夏天才有。它的壳呈白色而锋利，故而以“剑”命名。

劔蟶惟產閩之福寧寧德似蟶而小殼薄且區而味清夏月始有其殼白色而鋒利故以劔名

劔蟶贊

長劔倚天日月爭明
餘光落海化為小蟶

尺蟶其長如尺無種類而不恒有
海人云或時有或時無疑是外海
飄至故不多得也

尺蟶贊
有蟶如尺不量短長
形同一棍獨霸海鄉

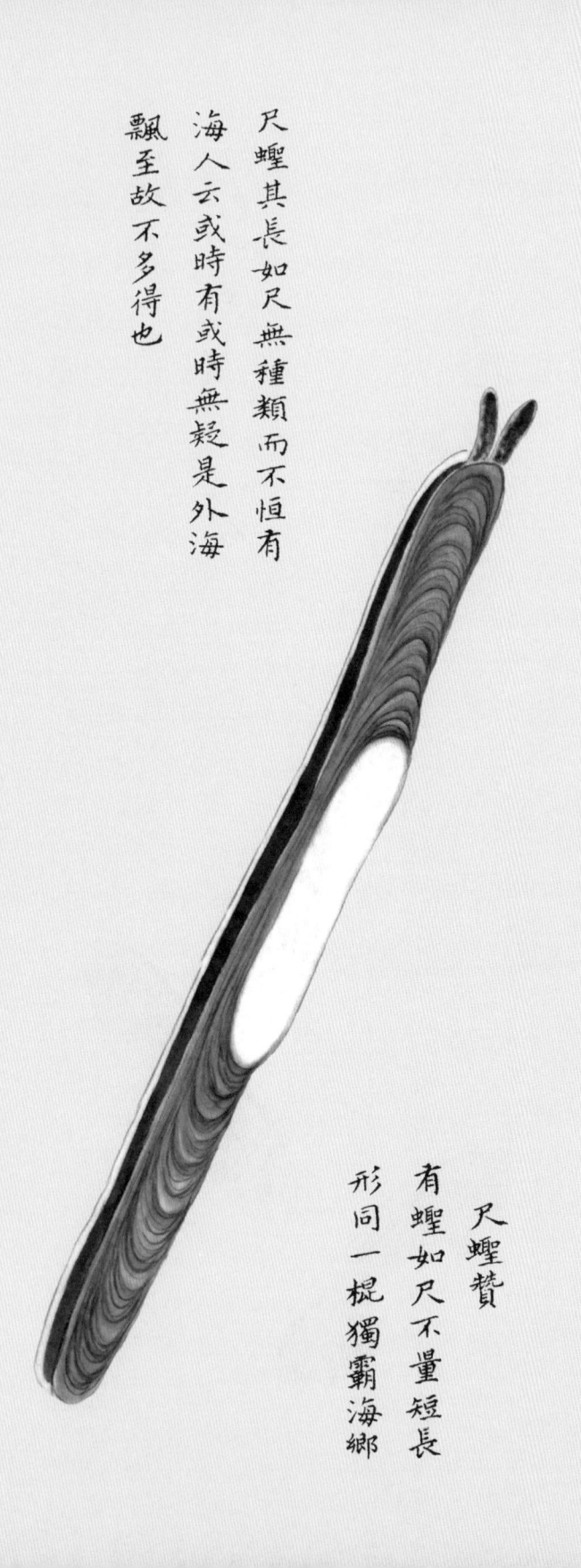

尺　蛏

尺蛏赞：有蛏如尺，不量短长。形同一棍，独霸海乡。

尺蛏，其长如尺，无种类，而不恒[1]有。海人云：或时有，或时无，疑是外海飘至，故不多得也。

[1] 恒：经常。

｜译文｜

尺蛏，它长长的像一把尺，类别不详，而且不常有。常年生活在海边的人说：这种蛏有时候有，有时候没有，怀疑是从外海飘来的，所以不常能得到。

竹筒蟶長僅三寸許殼淡綠産連江等海塗亦名玉筯食者常束十數枚為一聚蒸之味甘而美勝於常蟶其殼可篆香滑澤

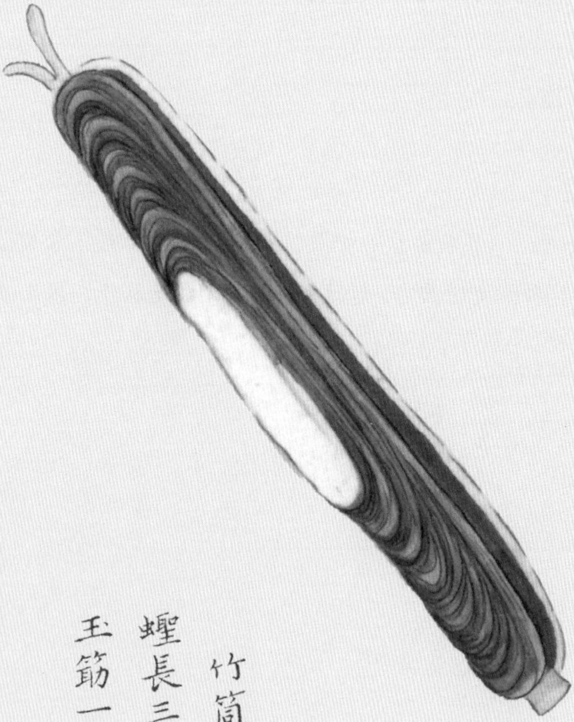

竹筒蟶贊

蟶長三寸形肖竹筒
玉筯一條藏於其中

竹筒蛏

竹筒蛏赞：蛏长三寸，形肖竹筒。玉箸一条，藏于其中。

竹筒蛏，长仅三寸许，壳淡绿，产连江等海涂，亦名“玉箸”。食者常束十数枚为一聚，蒸之，味甘而美，胜于常蛏。其壳可篆香[1]，滑泽。

[1] 篆香：盘香。

| **译文** |

竹筒蛏，长仅三寸左右，壳是淡绿色的，产在连江等处的海滩，也叫“玉箸蛏”。食客常把十几枚绑成一捆，蒸着吃，味道甜美，胜过一般的蛏。它的壳可以用来盘香，非常光滑润泽。

荔枝为蛏

荔枝为蛏赞：有果无根，荔枝为蛏。不堪生啖，止可煮羹。

荔枝蛏，生福宁南路海泥中，其大头形如荔枝而色灰白，上有一孔似口，后一断[1]细长似尾，陷于土内，皆有薄壳。其大头内肉如蛎黄，身后细肉脆美而另有一味。福宁郑次伦雅尚染翰[2]，特为图述。

[1] 一断：这里是“一段”的意思。“断”似为“段”之笔误。[2] 染翰：用笔蘸墨，指写字作画。

| 译文 |

荔枝蛏，产于福宁南路滩涂的海泥中，它的头很大，样子像荔枝而颜色灰白，上面有一个孔，像是它的嘴，后面一段细长的肉像是尾巴，陷在土里，覆有薄薄的外壳。它头里的肉像蛎黄，细长部分的肉脆嫩甘美，别有一番风味。福宁的郑次伦善丹青，特为我画图叙述。

荔枝蟶生福寧南路海泥中其大頭形如荔枝而色灰白上有一孔似口後一斷細長似尾陷於土内皆有薄殼其大頭内肉如蠣黄身後細肉脆美而另有一味福寧鄭次倫雅尚染翰特為圖述

荔枝為蟶
有果無根荔枝為蟶
不堪生啖止可煮羹

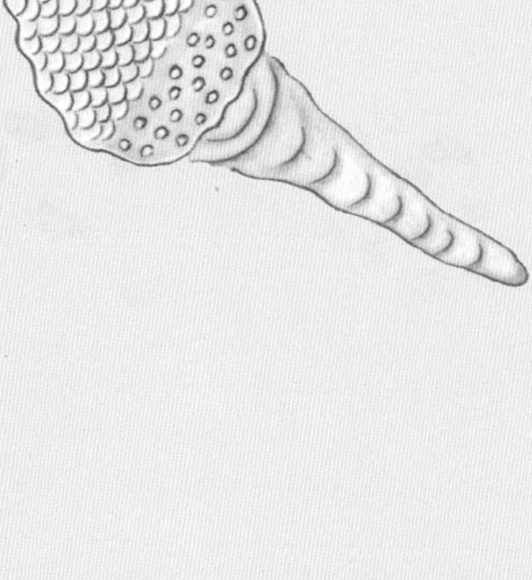

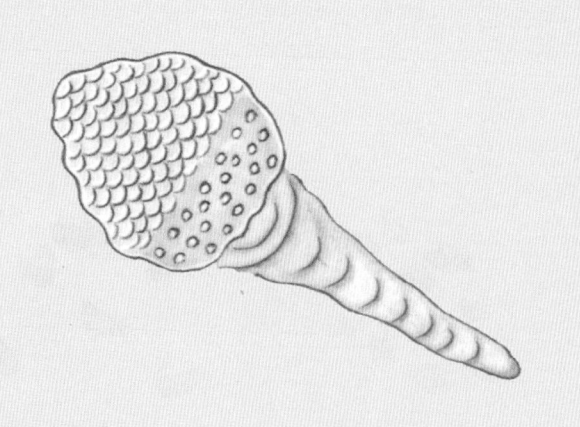

蜍形甚小殼薄如紙冬時應候而生遍海塗皆是不取則為海鳧唼食而盡海人乘橇撈數十筐淘去泥煑熟篩漂去殼其肉黄色土名海麦鬻市充饌味雖不及蟶蛤亦另有一種風味亦可晒乾藏蓄海人熬其餘瀝為醬名曰蜍醬醮啜亦美

蜦

蜦形甚小，壳薄如纸。冬时应候而生，遍海涂皆是，不取则为海凫唼[1]食而尽。海人乘橇[2]捞数十筐，淘去泥，煮熟，筛漂去壳。其肉黄色，土名“海麦”，鬻市充馔[3]。味虽不及蛏蛤，亦另有一种风味。亦可晒干藏蓄[4]，海人熬其余沥为酱，名曰“蜦酱”，蘸啜[5]亦美。

[1] 唼（shà）：水鸟、鱼类争食的样子。[2] 橇：古代在泥路上行走所乘的工具。[3] 馔（zhuàn）：饭食。[4] 藏蓄（xù）：收藏，储存。[5] 啜（chuò）：喝，品尝。

| 译文 |

蜦的体形非常小，壳像纸一样薄。冬天时应节气而生，遍布整个滩涂，不捡拾则会被海凫吃光。生活在海边的人乘着橇一捞就是几十筐，淘去泥，煮熟，筛漂去壳。它的肉呈黄色，土名叫“海麦”，卖到市场上充当菜肴。它的味道虽然赶不上蛏蛤，却也另有一番风味。也可以晒干储藏，生活在海边的人把它熬煮成酱，名叫“蜦酱”，蘸着品尝味道也很美。

浙　蛏

浙蛏赞：浙蛏种小，但产冬春。闽粤海乡，四季皆生。

蛏之为物，大要[1]喜地暖则多[2]。吾乡蛏止一种，发于冬而盛于春，江南渐少，江以北渐无矣。浙蛏小而壳薄，止用汤淋便熟。闽蛏壳厚，必裂其背而蒸，始可食。

[1] 大要：大约。[2] 喜地暖则多：古人没有严格的语法要求，有时会出现杂糅的句子。这句相当于“喜地暖，地暖则多”。

｜译文｜

蛏这种动物，大约喜欢暖和的地方，地方暖和它的数量就多。我的家乡只有一种蛏子，生发于冬天而繁盛于春天，江南逐渐减少，江北则逐渐没有了。浙江蛏子小而壳薄，仅用热水一淋就熟了。福建的蛏子壳厚，一定要敲裂它的背壳再蒸熟，才可以吃。

蟶之為物大要喜地煖則多吾鄉蟶止一種發於冬而盛於春江南漸少江以北漸無矣浙蟶小而殼薄止用湯淋便熟閩蟶殼厚必裂其背而蒸始可食

浙蟶贊

浙蟶種小但產冬春
閩粵海鄉四季皆生

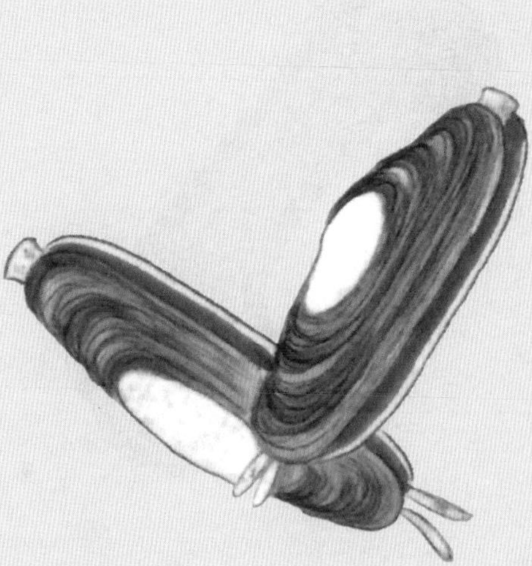

閩中福清出蟶栽如糠衣細每百斤可發三十擔海濱遠近分種泥塗獲利十倍四季皆鬻於市皆帶泥而岐出殼外曰脚市者飲以水則重而味薄脚肥可辨也獲稻時則瘦而腹腐云為穀芒所敗予客閩岭內有植蠣種蟶詩二首今錄其一曰蠣黃竹植土栽蟶成熟常同稻滿田町稼穡不須師后稷龍宮別有老農經

閩中泥蟶贊

兩紳拖足一笏當胸
垂紳搢笏胡為泥中

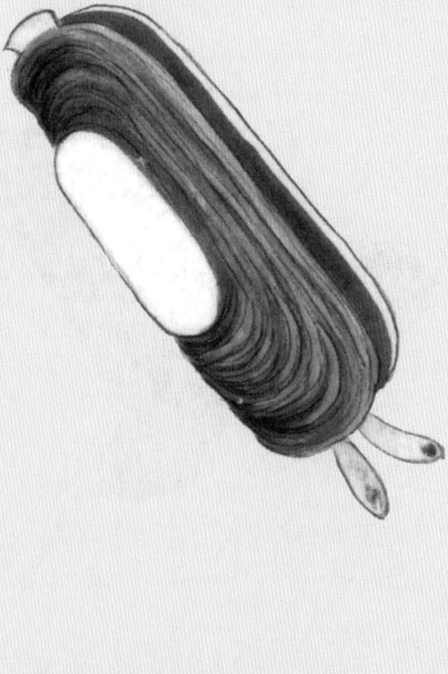

闽中泥蛏

闽中泥蛏赞：两绅拖足，一笏当胸。垂绅播笏，胡为泥中？

闽中福清出蛏栽[1]，如糠衣细，每百斤可发三十担。海滨远近分种泥涂，获利十倍。四季皆鬻于市，皆带泥。二肉歧出壳外曰脚。市者饮[2]以水则重，而味薄，脚肥可辨也。获稻时则瘦，而腹腐，云为谷芒所败。予《客闽吟》内有植蛎种蛏诗二首，今录其一，曰：“蛎黄竹植土栽蛏，成熟常同稻满町[3]。稼穑不须师后稷[4]，龙宫别有老农经。”

[1] 栽：幼苗。[2] 饮（yìn）：给它喝水。[3] 町（tīng）：田亩。“町”是多音字，表示“田亩”的时候有tīng和tǐng两个读音，此处是诗的韵脚，应是平声，故而读tīng。此外，别的义项还有dīng、zhèng、tiǎn等读音。[4] 后稷（jì）：周人的始祖，善种谷物，教民稼穑。

| 译文 |

福建福清出产蛏苗，像糠皮一样细小，每百斤的蛏苗可以收获蛏子三十多担。海滨远近各处的泥滩都种满了泥蛏，渔民能获利十倍。市场上一年四季都有出售，只是都带着泥。两片分叉伸出壳外的肉是它的脚。小贩将它泡在水中，让其喝足水增重，不过味道会变得寡淡，这一点只要看脚是否泡胀了就可以分辨出来。稻子成熟时产出的泥蛏很瘦，而且肚子都腐坏了，据说是被谷芒所伤。拙作《客闽吟》中有两首关于植蛎种蛏的诗，现在抄录其中的一首，这首诗说：“蛎黄种植在竹子上而土里栽蛏，成熟的时候总是跟稻子一起布满田埂。稼穑之事不用学习后稷，龙宫里另外有本老农经。”

海蛏

海蛏赞：海蛏甚小，云是化生。一经讨论，定尔成名。

海蛏，产连江海外穿石地方。土人欲取，以船往捕之，亦不甚多。其壳白而其味清，鲜泥沙而甚美。不知其名，但曰“海蛏”，土人云是海虫所化者。愚按：蛏名则一莹[1]，蛏种甚多，竹筒、麦藳、牛角、马蹄，未必不是化生，不止一海蛏而已。

按：蛏无卵而有种，与蚶蛤之类同是湿生。黄允周曰：“蛏种出自福清、连江、长乐等处，买而种之，一岁为准。他处鲜种，独出于福清为奇。飞鸾渡蛏肥美，胜过福清、长乐、连江等处。”

[1] “莹”字费解，疑是衍文。译文未译。

｜译文｜

海蛏，产于连江海外穿石地区。当地人想要获取，需乘船前去捕捞，不过收获也不会很多。它壳白而味道清香，很少有泥沙而且味道非常美。人们不知道它的正式名字，只是管它叫“海蛏”，当地人说它是海虫所变。愚按：蛏的名字只有一个，而蛏的种类非常多，如竹筒蛏、麦藳蛏、牛角蛏、马蹄蛏等，它们未必不是化生而来，应不止海蛏这一种。

按：蛏没有卵而有种子，与蚶蛤之类都属于“四生”中的“湿生”。黄允周说：“蛏种出自福清、连江、长乐等处，买后种下它，一年便可长成。别的地方很少种（zhòng）蛏，它只出产于福清等地，令人称奇。飞鸾渡的蛏子肥美，胜过福清、长乐、连江等处。”

海蟶產連江海外穿石地方土人歆取以船往捕之亦不甚多其殼白而其味清鮮泥沙而甚美不知其名但曰海蟶土人云是海虫所化者愚按蟶名則一槩蟶種甚多竹筒麦藁牛角馬蹄未必不是化生不止一海蟶而已

海蟶贊

海蟶甚小云是化生
一經討論定爾成名

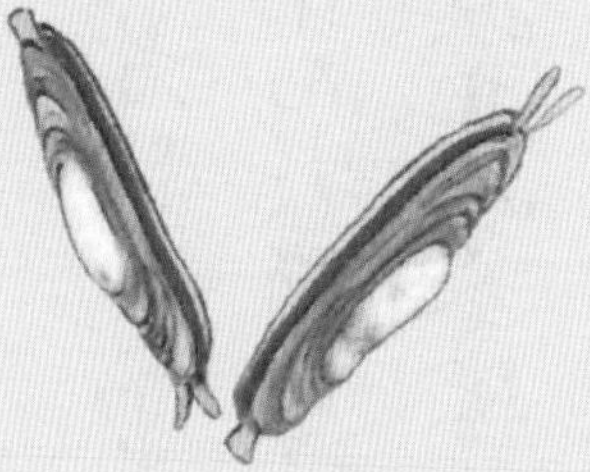

按蟶無卵而有種與蚶蛤之類同是濕生黃允周曰蟶種出自福清連江長樂等處買而種之一歲為準他處鮮種獨出於福清為奇飛鸞渡蟶肥美勝過福清長樂連江等處

烏蝓即海麦之大者殼薄而黑長可半寸似鼠耳而尖獨出福州沸湯淋熟為饌其味全勝蝓肉福州府志有烏蝓字彙無蝓字

烏蝓賛

烏蝓之名詳載閩志奈何篇海不收其字

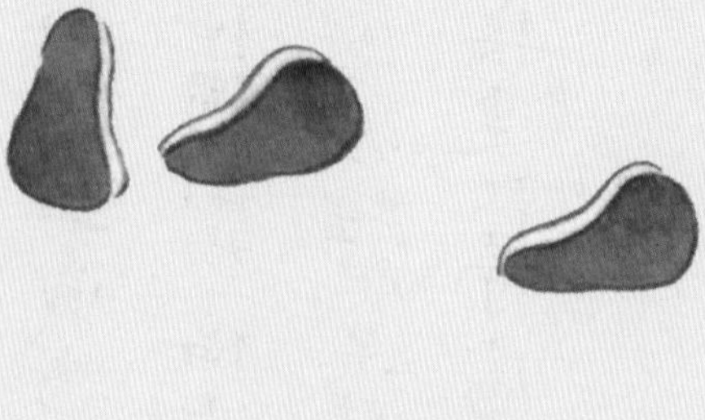

乌 蜿

乌蜿赞：乌蜿之名，详载《闽志》。奈何《篇海》，不收其字。

乌蜿，即海麦之大者，壳薄而黑，长可半寸，似鼠耳而尖。独出福州。沸汤淋熟为馔，其味全胜蜿肉。《福州府志》有“乌蜿”，《字汇》无“蜿”字。

|译文|

乌蜿，就是大的海麦，壳薄而黑，长约半寸，像老鼠的耳朵而尖尖的。它只出产于福州。用沸水淋熟后做成美食，它的味道完全胜过蜿肉。《福州府志》里有“乌蜿”的记载，但《字汇》里没有“蜿”字。

土　坯

土坯赞：陶砖未成，是名曰坯。介物所聚，应若泥堆。

泉州海涂产甲物，头大而尾尖，有毛，名曰“泥坯”。《泉南杂志》载此，必为土人所珍也。

｜译文｜

泉州海滩出产一种带甲的生物，头大而尾尖，有毛，名叫“泥坯”。《泉南杂志》记载了这种生物，它一定是被当地人所珍视的。

泉州海塗產甲物頭大而尾尖
有毛名曰泥坯泉南雜志載此
必為土人所珍也

土坯贊

陶磚未成是名曰坯
介物所聚應若泥堆

海豆芽產連江海塗形如小蚌
殼綠色若豆狀有肉帶一條似
蟶鬚而長若豆芽然故名捕
而鬻於市帶仍吐出不收

海豆芽贊

海有豆芽肉白殼綠
齋公樂啖將錯就錯

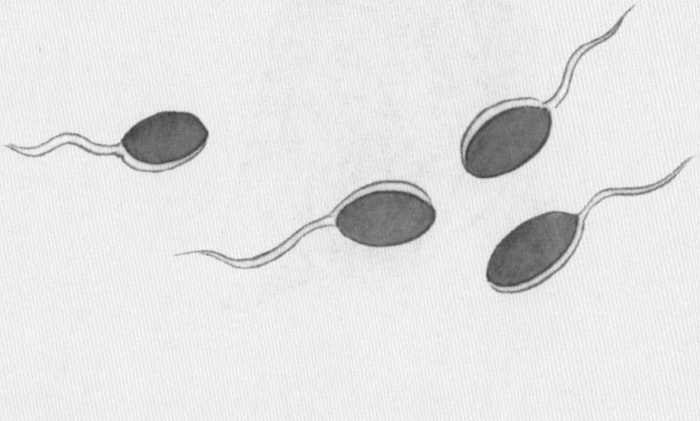

海豆芽

海豆芽赞：海有豆芽，肉白壳绿。斋公乐啖，将错就错。

海豆芽，产连江海涂。形如小蚌，壳绿色，若豆状，有肉带一条，似蛏须而长，若豆芽然，故名。捕而鬻于市，带仍吐出不收。

| 译文 |

海豆芽，产于连江的海滩。它的样子像小蚌，壳呈绿色，形状像豆子，有一条肉带飘在外面，像蛏子的须子但比蛏须长，像豆芽的样子，故而得此名。把它捕来拿到市场上售卖，肉带仍吐出来不收回去。

巨蚶多生海洋深處大者如盂如盂在海僻者網罟不及舟楫罕至其大如箕殼之仰覆處歲久磨滅僅數齒厚可寸許琢為器皿偽充硨磲亦瑩白溫潤大者多産琉球島嶼間愚按蚶以形命名宜有分别如絲有翅能飛宜稱天窗布蚶紋踈宜曰瓦屋巨蚶體偉宜曰魁陸庶幾顧名思義通不相悖

巨蚶贊

曰布曰絲　類同瓦屋
巨蚶巍然　允稱魁陸

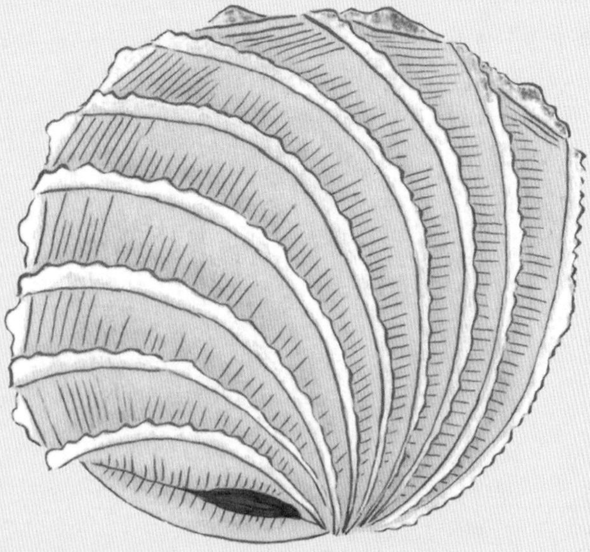

巨 蚶

巨蚶赞：曰布曰丝，类同瓦屋。巨蚶巍然，允称魁陆。

巨蚶，多生海洋深处，大者如杯如盂[1]。在海僻者，网罟不及，舟楫罕至，其大如箕。壳之仰覆处，岁久磨灭，仅数齿，厚可寸许，琢为器皿，伪充砗磲，亦莹白温润。大者多产琉球岛屿间。愚按：蚶以形命名，宜有分别：如丝有翅能飞，宜称“天脔”；布蚶纹疏，宜曰“瓦屋”；巨蚶体伟，宜曰“魁陆”。庶几顾名思义，通不相悖。

[1] 盂（yú）：一种盛液体的敞口器具。

| 译文 |

巨蚶多生活在海洋深处，大的像杯像盂。在大海偏僻的地方，渔网撒不到，渔船划不到，大的可以长到簸箕那么大。因年岁较长，开合之处的纹理已经磨灭不少，仅剩几个齿，厚度一寸左右，琢成器皿可用来假冒砗磲，同样莹白温润。大巨蚶多产在琉球岛屿间。愚按：蚶以形体命名，应该有所区别：丝蚶有翅能飞，应该叫“天脔”；布蚶纹理稀疏，应该叫“瓦屋”；巨蚶身体魁伟，应该叫“魁陆”。这样便能顾名思义，不会混淆。

西施舌

西施舌赞：西施玉容，阿谁能见？吮彼舌根，如猥娇面。

西施舌，即紫蛤中之肉也。闽中一种紫蛤，其肉如舌，产连江海滨而不多，粤中最繁生。食者剖壳取肉煮，供宾筵[1]，其汁清碧似乳泉[2]。粤中多晒而干之以市商舶[3]。凡食干者须久浸，洗去腹中泥沙，重烹始佳。连江陈龙淮赞西施舌曰："瑶甲含浆，琼肤泛紫。何取名舌，唐突西子[4]？"亦趣。《格物论》指河豚腹腴为"杨妃乳"，虽未确，然河豚之味虽美，其毒能杀人，正妙。海物何必又以为鳣子[5]也？

[1] 宾筵：宴请宾客的筵席。[2] 乳泉：指钟乳石上的滴水，亦指甘美而清冽的泉水。[3] 商舶：往来中国沿海和外洋各国间贸易的商船。[4] 唐突西子：冒犯西施，比喻亵渎了美好的事物。语出南朝宋刘义庆《世说新语·轻诋》："何乃刻画无盐，以唐突西子也。"[5] 鳣子：鲟鳇鱼的鱼子，亦有"西施舌"之名。明代杨慎《升庵集》卷八十一引《海物异名记》："西施舌，鳣子也。"

｜译文｜

西施舌，即指紫蛤中的肉。福建地区有一种紫蛤，它的肉像舌头，产在连江海滨处但不多，广东地区产量最大。食客剖壳取肉煮熟，能入宴请宾客的筵席，它的汁清澈碧绿像甘美的泉水。广东地区多晒干卖给过往商船。凡是以干货为食材须长时间浸泡，洗去腹中泥沙，精心烹制才好。连江陈龙淮称赞西施舌说："美玉一样的甲壳含着浆，肌肤泛着紫色。为什么用西施的舌头给它取名，这样不是唐突了西子吗？"颇有趣味。《格物论》里管河豚丰满的腹部叫"杨妃乳"，尽管不贴切，然而河豚的味道虽然美，却能毒死人，用又美又误国的杨贵妃命名，太妙了。在海物中，何必又把鲟鳇子也叫作"西施舌"呢？

西施舌即紫蛤中之肉也閩中一種紫蛤其肉如舌産連江海濱而不多粤中最繁生食者剖殼取肉煮供賓筵其汁清碧似乳泉粤中多晒而乾之以市商舶凡食乾者須久浸洗去腹中泥沙重烹始佳連江陳龍淮賛西施舌曰瑶甲含漿瓊膚泛紫何取名舌唐突西子亦趣格物論指河豚腹腴為楊妃乳雖未確然河豚之味雖美其毒能殺人正妙海物何必又以為鱣子也

西施舌賛

西施玉容阿誰能見
吮彼舌根如猥嬌面

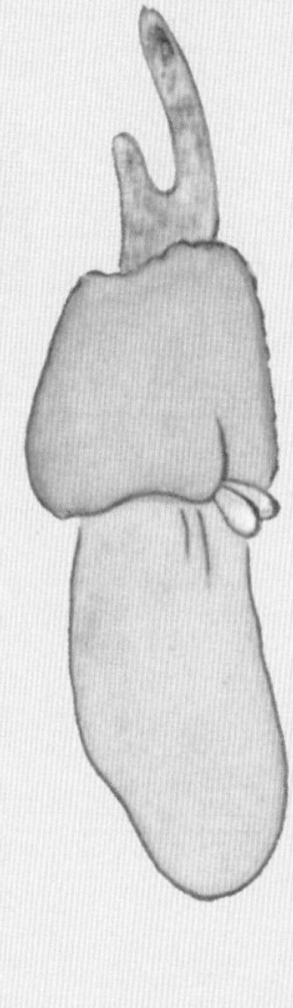

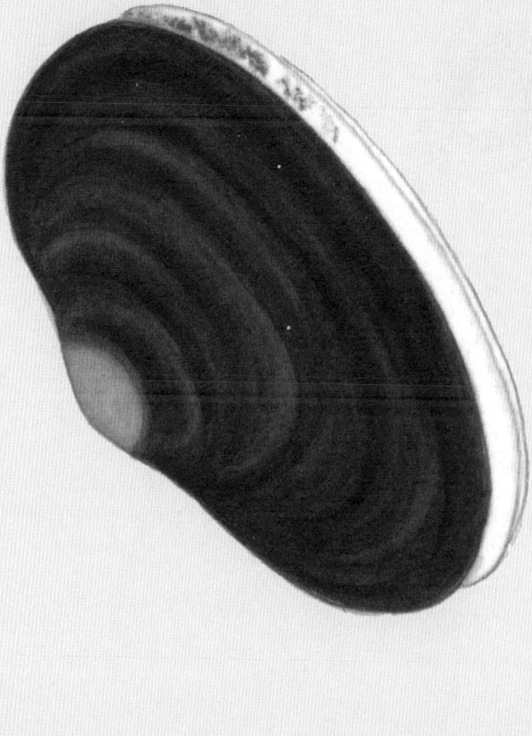

青翠其形色如翠羽也亦名泥匙又名𩵋魮裁兩殼如蚌外有細毛如孔雀尾式白肉一條如蟶鬚吐出殼外有白堅皮包之生入海泥中拔之則起其肉如蜍而白根味亦清脫海鄉取充饌以誇客市上絶無福寧志有土匙即此

青翠賛

鵾化為鵬　諸鳥盡朝

孔雀過海　墮落一毛

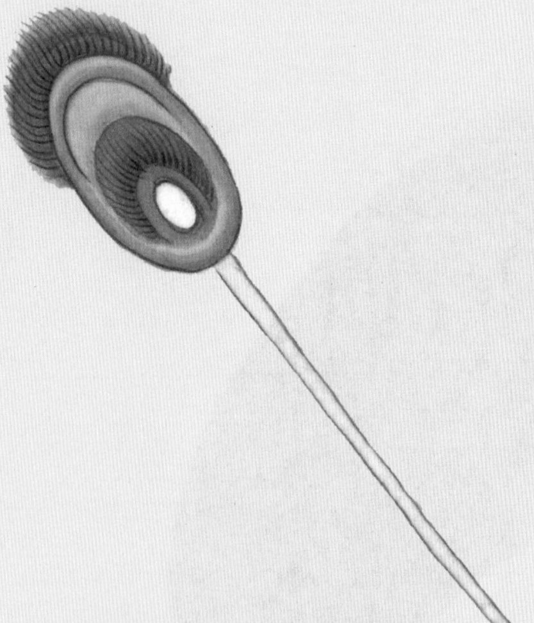

青　翠

青翠赞：鸥化为鹏，诸鸟尽朝。孔雀过海，堕落一毛。

青翠，其形色如翠羽也，亦名“泥匙”，又名“瓠[1]栽”。两壳如蚌，外有细毛，如孔雀尾式。白肉一条如蛏须吐出壳外，有白坚皮包之。生入海泥中，拔之则起。其肉如蜍而白根，味亦清脱[2]，海乡取充馔以夸客，市上绝无。《福宁志》有“土匙”，即此。

[1] 瓠：音hù。[2] 清脱：新颖雅致，不落俗套。

｜译文｜

青翠，它的形状和颜色像翠鸟的羽毛，也叫“泥匙”，又叫“瓠栽”。它的两壳像海蚌，壳外有细毛，像孔雀尾巴的样子。还有一条白肉像蛏子须一样吐出壳外，有白色结实的皮包着。青翠一般生活在海泥里，一拔就能将其拔出。它的肉像蜍而根是白色的，味道也清新特别，沿海地区拿它充当美食来向客人夸耀，市场上绝难看到它的踪迹。《福宁志》里载有“土匙”，就是这种生物。

江绿似蚶而色绿产闽中福清等海涂味亦清正二月繁生福州志有江绿此物生于海水故色绿

江绿赞

形本蚶形　肉类蚶肉
穴泥则污　居水则绿

江　绿

江绿赞：形本蚶形，肉类蚶肉。穴泥则污，居水则绿。

江绿，似蚶而色绿，产闽中福清等海涂，味亦清正。二月繁生。《福州志》有“江绿”。此物生于海水，故色绿。

｜译文｜

江绿，像蚶而颜色是绿的，产在福建福清等地的滩涂，味道清香醇正。它于二月繁生。《福州志》里载有“江绿”。这种东西生在海水里，所以是绿色的。

荔枝蚌

荔枝蚌赞：闽中佳果，莫如荔枝。老蚌生钉，尤而效之。

海荔枝，蚌也。壳甚坚厚，外黑而内有光，其肉可食。产宁德海滨。

| 译文 |

海荔枝是一种蚌。它的壳非常坚硬而且厚实，外面黑而里面有光泽，它的肉可以食用，产在宁德海滨。

海荔枝蚌也殼甚堅厚外黑而内有光其肉可食產寧德海濵

荔枝蚌贊

閩中佳果莫如荔枝
老蚌生釘充而效之

布蚶其紋比之於布亦名瓦楞子閩粤江浙通產此蚶可移種蕃息故皆有吾浙無布絲之分止此一種名蚶而浙東多云花蚶古人所論亦惟此種攷范震海物異名記曰瓦壠鑲㲉建瓴狀如混沌錢紋外眉而内渠註眉為高渠為踈此魁陸海蛤也

布蚶贊一名瓦屋子

嗟彼海錯風雨露宿

獨爾有家安居瓦屋

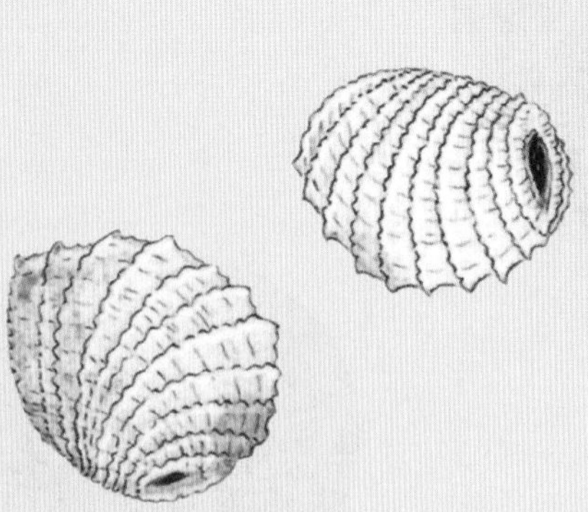

布　蛼

布蛼赞（一名瓦屋子）：嗟彼海错，风雨露宿。独尔有家，安居瓦屋。

布蛼，其纹比之于布，亦名“瓦楞子”。闽粤江浙通产。此蛼可移种[1]繁息，故皆有。吾浙无布、丝之分，止此一种名蛼，而浙东多云“花蛼”。古人所论亦惟此种。考范震《海物异名记》曰：瓦垅矿，壳建瓴[2]状，如混沌钱纹，外眉而内渠（注：眉为高，渠为疏）。此魁陆海蛤也。

[1] 移种（zhǒng）：移植。这里指引到别的地方。[2] 瓴：房屋上仰盖的瓦形成的瓦沟。

| 译文 |

布蛼，它的纹理可以用布来比拟，也叫“瓦楞子”。福建、广东、江苏、浙江都出产。这种蛼可以引到别的地方繁衍生息，所以各处都有。我们浙江没有布蛼、丝蛼的区别，只有这一种叫“蛼”，而浙东地区多管它叫“花蛼”。古人所谈论的也只有这一种。查证范震《海物异名记》，里面说：瓦垅矿，它的壳像修成的瓦沟的形状，像混沌钱纹，外高内疏（作者自注：眉为高，渠为疏）。这是叫“魁陆”的海蛤。

扇蚶

扇蚶赞：名垂蠹简，扇出蛟宫。闽人赠我，奉扬仁风。

扇蚶，本蚶形而似扇者也。康熙戊寅[1]，吾乡宋骕翁邂逅[2]闽中，谈及有蚶如扇，童年把玩，扇骨系朱纹，扇柄有圆头，尤为奇绝。查《汇苑·鱼部》内实载有海扇。注云："海中有甲物如扇，其纹如瓦屋，惟三月三日潮尽乃出。"然终以未见，不敢绘图。是岁之冬，闽人骆肖岩偶于书簏[3]中检得惠[4]我。虽无朱纹而形确肖，柄后连一片如手巾，尤怪。

[1] 康熙戊寅：康熙三十七年，公元1698年。[2] 邂逅：没有相约而遇见。[3] 书簏（lù）：藏书用的竹箱子。[4]惠：赠送。

| 译文 |

扇蚶，是形似扇子的蚶子。康熙三十七年，我与同乡宋骕翁在福建偶然相遇，谈到有一种蚶像扇子，童年时常把玩，扇骨是红色花纹，扇柄有圆头，很是奇绝。查《汇苑·鱼部》里确实记载有海扇。注释说："海中有甲壳的动物，它的形状像扇子，它的纹理像瓦屋，只有三月初三潮尽的时候才出现。"然而终因没见到实物，不敢绘图。这一年的冬天，福建人骆肖岩偶然在书箱里找到一个扇蚶标本送给了我。虽然它没有红色花纹，但确实像扇子，扇柄后连着一片像手巾的小玩意儿，更是奇怪。

扇蛤本蛤形而似扇者也康熙戊寅吾鄉宋驥翁避迹閩中談及有蛤如扇童年把玩扇骨係朱紋扇柄有圓頭尤為奇絕查彙苑魚部內寔載有海扇注云海中有甲物如扇其紋如瓦屋惟三月三日潮盡乃出然終以未見不敢繪圖是歲之冬閩人駱有岩偶於書麓中檢得惠我雖無朱紋而形確肖柄後連一片如手巾尤怪

扇蛤贊

名垂蠡簡　扇出蛟宫
閩人贈我　奉揚仁風

丝蚶

丝蚶赞：氓之蚩蚩，抱布贸丝。丝胜于布，即蚶而知。

丝蚶，其纹细如丝也。产闽中海涂。小者如梅核，大者如桃核，味虽不及朱蚶，而胜于布蚶，鲜食益人，卤醉[1]亦佳。凡海物多发风动气，不宜多食。惟蚶补心血，壳亦入药，可治心痛。五月以后，生翅于壳，能飞。海人云：每每去此适彼，忽有忽无，可一二十里不等。然惟丝蚶能飞，布蚶不能。尝阅类书，云蚶一名“魁陆”，亦名“天脔”。不解天脔之说，及闻丝蚶有翅能飞，始知有肉从空而降，非“天脔”而何？况广东又有天蛤，亦云从空飞来。蚶之应候而飞，闽人岂欺予哉？

[1] 醉：用酒泡制食物。

| 译文 |

丝蚶，它的纹理细得像丝。产于福建地区的滩涂。小的像梅子核，大的像桃核，味道虽然不如朱蚶，但胜过布蚶，鲜吃对人体有好处，卤醉风味亦佳。凡是海物多发风动气，不宜多吃。只有蚶能补心血，壳也能入药，可以治疗心痛。五月以后，其壳上长出翅膀，能飞。常年生活在海边的人说：蚶每每离开这里到别的地方去，忽有忽无，大约一二十里不等。然而只有丝蚶能飞，布蚶不能。我曾阅读类书，里面说蚶也叫“魁陆”，也叫“天脔”。当时我不理解“天脔”的说法，等听说丝蚶有翅膀能飞才明白，有肉从天而降，不是“天脔”是什么？何况广东又有天蛤，据说也是从空中飞来。蚶顺应时令节候而飞，福建人怎么会骗我呢？

綵蚶其紋細如絲也產閩中海塗小者如梅核大者如桃核味雖不及朱蚶而勝於布蚶鮮食益人酒醉亦佳凡海物多發風動氣不宜多食惟蚶補心血殼亦入藥可治心痛五月以後生翅於殼能飛海人云每每去此遷彼忽有忽無可一二十里不等然惟綵蚶能飛布蚶不能嘗閱類書云蚶一名魁陸亦名天臠不鮮天臠之說及聞綵蚶有翅能飛始知有肉從空而降非天臠而何況廣東又有天蛤亦云從空飛來蚶之應候而飛閩人豈欺予哉

綵蚶贊

氓之蚩蚩　抱布貿絲
綵勝於布　即蚶而知

朱蚶殼作細楞如絲小僅如豆肉赤如血味最佳福省賓筵所珍福州志有赤蚶即此也或有悞作珠蚶者則非赤字之意矣

朱蚶賛

物以小貴莫如朱蚶剖而視之顏如渥丹

朱蛣

朱蛣赞：物以小贵，莫如朱蛣。剖而视之，颜如渥丹。

朱蛣，壳作细楞如丝，小仅如豆，肉赤如血，味最佳。福省宾筵所珍。《福州志》有“赤蛣”，即此也。或有误作“珠蛣”者，则非“赤”字之意[1]矣。

[1] 则非“赤”字之意：“朱”和“赤”是同义词，都是红色的意思。写成“珠”虽然与“朱”同音，但意思不是“红色”。

| 译文 |

朱蛣壳上生有像丝一样的细楞，其大小仅仅像豆一般，肉红得像血一样，味道最好，在福建的待客筵席上最受珍视。《福州志》里载有“赤蛣”，指的就是它。有人误写成“珠蛣”，这里的“珠”就体现不出“赤”字的意思了。

紫　菜

紫菜赞：海石生衣，其名紫菜。吴羹清味，用调鼎鼐。

《本草》云：紫菜附石生海上，正青，取干之则紫色，南海有之。凡食，忌小螺，损人。按：紫菜以冬者为佳，不但味厚，无小螺，洁净为妙。交春则螺藓杂生，而味亦减矣。

| 译文 |

《本草》里说：紫菜附生在海边的石头上，正青色，取来晾干就变成紫色，产于南海。凡是吃紫菜，一定要避免吃到里面可能夹杂的小螺，否则对人有损害。按：紫菜以冬天产的为佳品，不但味道浓厚，而且中间不夹杂小螺，非常洁净。到了春天就螺藓杂生，并且味道也寡淡了。

本草云紫菜附石生海上正青取乾之則紫色南海有之凡食忌小螺損人按紫菜以冬者為佳不但味厚無小螺潔淨為妙交春則螺蘚雜生而味亦減矣

紫菜贊
海石生衣
其名紫菜
吴羮清味
用調鼎鼐

淡　菜

海夫人赞：许多夫人，都没丈夫。海山谁伴？只有尼姑。

淡菜，产浙闽海岩上。壳口圆长而尾尖。肉状类妇人隐物，且有茸毛[1]，故号“海夫人”。鲜者煮羹汁清白如乳泉。肉欠脆嫩，干之可以寄远。肉止痢。予尝食，得细珠，知亦蚌属也。夫蚌属介名而曰“淡菜”，意何居乎？客闽，市上偶购得鲜者，其毛多彼此联络，益奇之。因询之采此者，曰：凡蚧属，在水在泥多迁徙无常，独淡菜之毛粘系石上甚坚，且各以其毛大小相附，五七枚不止。大约淡菜精液溢于外则生毛，而毛结成小淡菜，遂尔[2]生生不绝。潮汐虽往来于其间，其性必嗜淡水于泉石间，故恋恋不迁。此淡菜之所由以得名也，故图而肖之。

且更有异者：大淡菜，壳上间有触奶[3]生于其间。所生不单，必两壳各峙为奇，甚有生四枚、六枚，亦皆比比相对。不能尽图，姑绘其一以见寄生之奇。而寄生之必成双之尤奇也，是必有一牝一牡[4]存乎其间，不然何以不单而必双也？凡触奶乱生石上，难辩[5]牝牡，今自壳上显肰[6]得之，益足以验蛎之亦有牝牡矣。

又考闽人以淡菜称“乌角”，及询海人，曰：“乌角、淡菜是两种，其形仿佛。淡菜尾尖有毛，乌角尾平而无毛；淡菜生得低，乌角生得高。”市井比而同之，误矣。

[1] 茸毛：《海错图》原文作“茸毛”，据文意改。[2] 遂尔：于是乎。[3] 触奶：藤壶的别名。[4] 一牝一牡：一雌一雄。[5] 辩：通“辨”。[6] 肰：古同“然”。

| 译文 |

淡菜，产于浙江、福建的海岩上。壳口圆长，尾端尖细。它的肉形状像妇人的隐私部位，而且有茸毛，所以被称作“海夫人”。新鲜淡菜煮成的羹汁，清白得像清冽的泉水。它的肉不够脆嫩，晾干了可以流通远方。它的肉能止痢疾。我曾经吃过淡菜，从里面找到了小珍珠，方才知道它也是蚌类的一种。蚌类应该有甲壳类生物的名字，但它却叫“淡菜”，用意何在呢？我客居福建，在市场上偶然购得新鲜的淡菜，它的毛多彼此粘连，让我更觉奇怪。于是就询问采淡菜的人，他们说：凡是蚧类生物，在水里、泥里总是迁徙无常，只有淡菜的毛粘系在石头上非常牢固，而且相互缠绕，常常五到七枚连成一串。大约淡菜的精液溢于外就生毛，而毛又结成小淡菜，于是乎生生不绝。虽然潮汐往来其间，但它们喜爱泉石间的淡水，所以恋恋不肯远迁。这就是淡菜得其名的缘由，所以我把它的样子画了出来。

而且还有更奇怪的：大淡菜的壳上偶尔有藤壶寄生。不过所生从不是单数，而是成对地生在同一淡菜的两个壳上，很是奇怪，甚至有生四枚、六枚的，也都是两两相对。这种情况不能完全画出来，姑且画一对来让读者了解寄生的神奇。而寄生一定成双就更神奇了，这一定是一雌一雄存在其间，不然何以不是单的而必是双的呢？藤壶平时都杂乱地生在石头上，难以辨别雌雄，现在从大淡菜壳上显然能够分出来，更足以验证蛎也有雌雄了。

我发现福建人还把淡菜称为“乌角”，便向渔民请教个中缘由，他们说：“乌角、淡菜是两种，它们的外形很接近。淡菜尾尖有毛，乌角尾平而无毛；淡菜生得低，乌角生得高。”市井把它们混为一谈，这是错的。

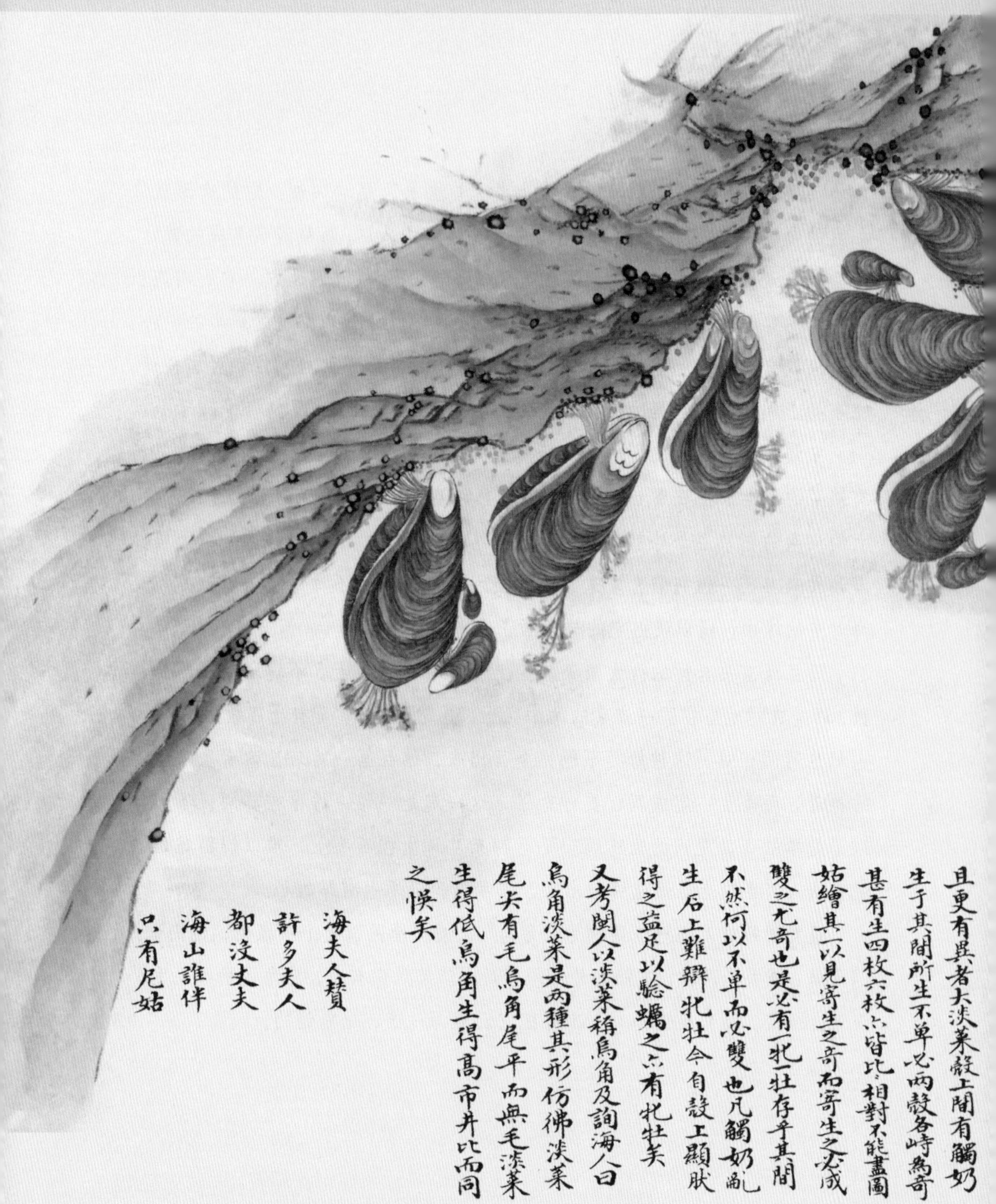

且更有異、者大淡菜殼上間有髑奶生于其間所生不单必兩殼各峙為奇甚有生四枚六枚亦皆比々相對不能盡圖姑繪其一以見寄生之奇而寄生之必成雙之尤奇也是必有一牝一牡存乎其間不然何以不单而必雙也凡髑奶亂生石上難辯牝牡今自殼上顯然得之益足以驗蠣之亦有牝牡矣又考閩人以淡菜稱烏角及詢海人曰烏角淡菜是兩種其、形彷彿淡菜尾尖有毛烏角尾平而無毛淡菜生得低烏角生得高市井比而同之悞矣

海夫人贊
許多夫人
都沒丈夫
海山誰伴
只有尼姑

淡菜產浙閩海岩上殼口圓長而尾尖肉
狀類婦人隱物且有茸毛故號海夫人鮮者
煮羹汁清白如乳泉肉亦脆嫩乾之可以
寄遠而止痢予嘗食得細珠知亦蚌屬也
夫蚌屬介名而曰淡菜意何居乎客閩帀
上偶購得鮮者其毛多彼此聯絡益奇之
因詢之採此者曰凡蛤屬在水在泥多遷
徙無常獨淡菜之毛粘繫石上甚堅且各
以其毛大小相附五七枚不止大約淡菜精
液溢于外則生毛而毛結成小淡菜遂爾
生生不絕潮汐雖往來於其間其性必嗜
淡水於泉石間故戀戀不遷此淡菜
之所由以得名也故圖而肖之

龟 脚

龟脚赞：余苴见梦，烹龟食肉。其壳用占，惟弃龟足。

图注：中三爪能开阖，开则舒爪取食。

《岭表录》曰：石蜐[1]得雨则生花。盖咸水之石，因雨默为胎而结成，形如龟爪，附石。《广韵》曰：石蜐生石上，似龟脚，今但称为“龟脚”，一名“仙人掌”。产浙闽海山潮汐往来之处。曰“龟脚”，象其形也；曰“仙人掌”，特美其名，取承露[2]之意。甲属中之非蛎非蚌、独具奇形者。其根生于石上，丛聚[3]常大小数十不等。其皮赭色如细鳞，内有肉一条直满其爪。爪无论大小，各五指，为坚壳两旁连，而中三指能开合，开则常舒细爪以取潮水细虫为食，故其下有一口。食者剥壳取肉，腌鲜皆可为下酒物。据海人云：鲜时现取而食，甚美，而独盛于冬。此物多生岩隙或石洞内，取者以刀起之。入洞取者常有热气蒸人，则体为之鼓。潮至，每有洞窄能入而不能出者。虽无头、目，是皆各具一种生气，故尔其形诡异。中原之人乍见，多有惊疑不识者。屠掩庵尝述：明季[4]有福宁州守以甲榜[5]莅任，出入州前，见有龟脚，不知何物，又不屑问，乃手书水菜[6]版[7]上云：“如‘勿’字、‘易’字者送进。”执役[8]不知何物，有解者曰：“必龟脚也。”试进之，果是。可为喷饭，至今以为笑谈。

[1] 蜐：音jié。[2] 承露：指承露盘。汉武帝曾经建造承露盘以承接露水，和玉屑服用，以为能延年益寿。据史料记载，承露盘下面是铜柱，上面是手中举盘的仙人形象，所以承露盘也称“仙人掌”。[3] 丛聚：聚集。[4] 明季：明末。[5] 甲榜：元明以来称进士为甲榜。[6] 水菜：指新鲜蔬菜。[7] 版：本指用来书写的简牍，这里指采购单之类的纸笺。[8] 执役：服役的人，犹言工作人员。

| 译文 |

《岭表录》里说：石蜐得到雨就开花。它可能是咸水之石因雨水的滋润暗自结胎而生成的，样子像龟的爪子，附着在石头上。《广韵》里说：石蜐生在石上，像龟的脚，现在称为“龟脚”，也叫“仙人掌”。它产于浙江、福建海山潮汐往来的地方。叫“龟脚”，是取其外形；叫“仙人掌”，是专门给它起了个好听的名字，取“承露”之意。它是甲壳类生物中非蛎非蚌、独具奇特形态的一种生物。它的根长在石头上，常常聚集大小几十只不等。它的皮是赭色的，有一层细鳞覆盖其上，体内有一条肉筋充满它的爪子。爪子无论大小均为五指，被坚硬的壳从两侧夹着，只有中间三指的硬壳能开合。它常伸出细爪以取潮水中的小虫为食，所以它的下面有一口。食用者剥壳取肉，腌制的和新鲜的都可以做下酒之物。据生活在海边的人说：石蜐新鲜的时候现取来吃，味道非常美，但其单单大量出现在冬天。这种动物多生在岩石的缝隙或石洞里，捕取的人通常需用刀撬下来。若进入洞穴捕取，里面常有热气蒸人，身体因此会鼓胀起来。等到潮水来了，总有因为洞窄能进去而出不来的事发生。它虽然没有头和眼睛，但都各有一种生气，所以它的外形诡异。中原人士乍一见到，多有惊恐疑惑不认识的。屠掩庵曾经讲述：明朝末年，福宁州有一位进士出身的知府到任。出入州前，见有龟脚，不知道是什么东西，但又不屑问，就在蔬菜采购单上写道：“把长得像‘勿’字、‘易’字的东西送来。”小吏不知道是什么东西，有明白的人说：“一定是龟脚。”试着买来送去，果然没错。此事简直让人喷饭，至今还被大家当作笑谈。

肉醃鮮皆可為下酒物據海人云鮮時現取而食甚美而獨盛于冬此物多生岩隙或石洞内取者以刀起之入洞取者常有熱氣蒸人則髹為之鼓潮至每有洞窄能入而不能出者雖無頭目是皆各具一種生氣故爾其形詭異中原之人乍見多有驚疑不識者屠掩菴嘗述明季有福寧州守以甲榜蒞任出入州前見有龜脚不知何物又不屑問乃手書永萊敀上云如易字易字者送進執役不知何物有鮮者曰必亀脚也試進之果是可為噴飯至今以為笑談

亀脚贊

余嘗見夢
烹亀食肉
其殼用占
惟棄亀足

嶺表録曰石蜐得雨則生花盖鹹水之石因雨點為胎而結成形如龜爪附石廣韻曰石蜐生石上似龜脚今但稱為龟脚一名仙人掌產浙閩海山潮汐往来之處曰龟脚象其形也曰仙人掌特美其名取承露之意甲属中之非螺非蚌獨具奇形者其根生於石上叢聚常大小數十不等其皮赭色如細鱗内有肉一條直滿其爪爪無論大小各五指為堅殼兩旁連而中三指能開合開則常舒細爪以取潮水細蟲為食故其下有一口食者剝殼取

中三爪能開闔開則舒爪取食

海茴香

海茴香赞：醋螺性酸，辣螺似姜。龙厨烹饪，更有茴香。

海茴香，其壳五花，内有肉，生石上，不能移动而活。其形如茴香状，故名。但不可食，为海错具名[1]耳。

[1] 具名：备列其名。

| 译文 |

海茴香，它的壳是五花形的，里面有肉，生在石上，不能移动却是活的。它的外形像茴香的样子，所以叫这个名字。只是它不能食用，仅仅为海物填充一个名字而已。

红毛菜

红毛赞：松针映日，茜草披风。明察秋毫，拟之游龙。

闽海有一种红毛菜，细如毛而红，如鹿角菜而赤色各异。熟水[1]泡之，以油醋拌食。

[1] 熟水：最早指开水，也指自然形态下放置两天以上的干净水。后用来指煎泡而成的饮料、汤点。中药方剂也有以“熟水”为名的。

| 译文 |

福建海域有一种红毛菜，细如毛而呈红色，像鹿角菜但与鹿角菜的红色有所不同。用开水浸泡后，可以用油醋拌着吃。

海茴香其殼五花内有肉生石上不能移動而活其形如茴香狀故名但不可食為海錯具名耳

閩海有一種紅毛菜細如毛而紅如鹿角菜而赤色各異熟水泡之以油醋拌食

海茴香贊
醋螺性酸
辣螺似薑
龍廚烹飪
更有茴香

紅毛贊
松針映日萬艸披風
明察秋毫擬之游龍

本草稱海藻海中菜也能療癭瘤結氣與青苔紫菜同功予嘗試之海藻尤妙

海藻贊

魚之所潛詩咏在藻
海藥有名更載本草

海　藻

海藻赞：鱼之所潜，《诗》咏在藻。海药有名，更载《本草》。

《本草》称：海藻，海中菜也，能疗瘿瘤结气，与青苔、紫菜同功[1]。予尝试之，海藻尤妙。

[1] 同功：功效相同。

| 译文 |

《本草》里说：海藻，是海中的菜，能治疗肿瘤、气机郁结，跟青苔、紫菜的功效相同。我曾经试过，发现海藻效果更好。

铜 锅

铜锅赞：神僧煎海，幸救不干。遗落铜锅，排列沙滩。

铜锅，青黄色如铜，如锅式，故名，亦名“铜顶”。其壳半房，口敞而尾尖，似螺不篆[1]，似蛤不夹。内有圆肉一块，如目之有黑睛，故闽人又称为“鬼眼”，瓯人称为“神鬼眼”，或又称为“龙睛”。产海岩石上，觉人取则吸之甚坚，百计[2]不能脱。登高岩者，每借为石壁之级以送步。善采捕者寂然无哗，率然[3]揭之，则应而得矣。其肉为羹，内有细肠一缕如线，去之糟醉更佳。考诸书无其名，惟《字说》有“蚒[4]”字，音“肘”，海虫名也，形似人肘，故名。今铜锅颇似人肘，或即是欤？

[1] 篆：这里指海螺的螺旋。[2] 百计：想尽或用尽一切办法。[3] 率然：轻率地。这里指突然、快速地。[4] 蚒：原文此处误作“肘”。“‘肘’字音‘肘’”显然起不到注音作用。查《集韵》：“蚒，海虫名，似人肘形。”《篇海类编》：“蚒，海虫名，形似人肘也。”据以上两书及文意改。

| 译文 |

铜锅，全身呈铜一样的青黄色，外形像锅的样子，所以叫这个名字，也叫“铜顶”。它的壳只有一片，壳口敞开，尾部尖细，像螺但没有螺旋，像蛤但没有开合的两片蚌壳。里面有一块圆肉，像眼睛有黑眼仁，所以福建人又称它为“鬼眼”，温州人称它为“神鬼眼”，有人又称它为“龙睛”。它生长于海岩的石上，发觉有人来捉取就吸得非常牢固，人们想尽一切办法都

难将其拔下来。人们攀登高处岩石时，常借用它作为石壁的台阶以送步。善于采集捕捉的人静静地靠近，瞅准时机突然快速地拔起，在这电光火石间就把它捉到了。它的肉可以用来做羹汤，里面有一根像线一样的细肠子，把它去掉之后用酒糟或酒腌制味道更好。考查各种书里都没有它的名字，只有《字说》里有“蚪”字，音“肘”，是海虫名，形状像人的胳膊肘，所以叫这个名字。铜锅也很像人肘，或许指的就是这种动物吧？

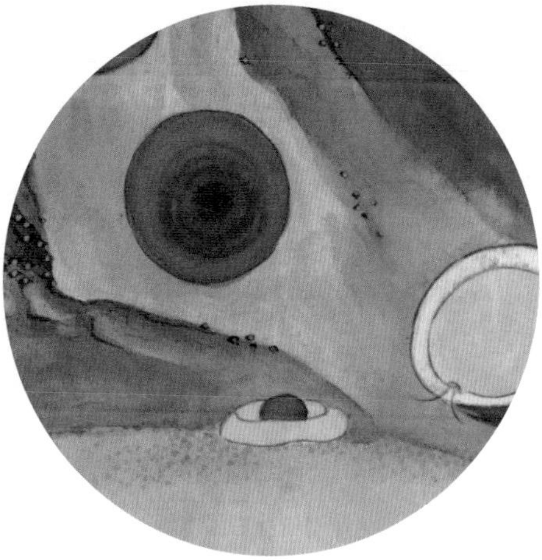

海头发

海头发赞：海发鬖松，挽髻无从。黑缘潮沐，白为霜浓。

海头发，生海边石上。海人称为“头发菜”。八月间生，至春即烂。黑色，其细如发，取食者用姜醋拌啖，其性凉也。

| 译文 |

海头发生在海边石头上。生活在海边的人称它为“头发菜”。每年八月生长，到春天就烂了。这种东西是黑色的，细得像头发，食客常用姜醋拌着吃，因这种食物性凉。

石笼箱

石笼箱赞：谁将箱笼，堆积海边？路不拾遗，王道平平。

石笼箱，两壳状如银锭，生石上，有细纹如竹笼形，故名。内有肉可食。产福宁海岩。

|译文|

石笼箱，两扇壳很像银锭，生在石头上，有竹笼形状的细纹，所以叫这个名字。它里面的肉可以吃。产在福宁的海岩上。

海頭髮生海邊石上海人稱為頭髮菜八月間生至春即爛黑色其細如髮取食者用薑醋拌啖其性凉也

海頭髮賛

海髮鬖鬆挽髻無從
黑緣潮沐白為霜濃

石籠箱兩殻狀如銀錠生石上有細紋如竹籠形故名内有肉可食産福寧海岩

石籠箱賛

誰將箱籠
堆積海邊
路不拾遺
王道平平

銅鍋青黃色如銅如鍋式故名亦名銅頂其殼半房口敞而尾尖似螺不篆似蛤不夹內有圓肉一塊如目之有黑睛故閩人又稱為鬼眼甌人稱為神鬼眼或又稱為龍睛產海岩石上覺人取則吸之甚堅百計不能脱登高岩者每借為石壁之級以送步善採捕者寂然無譁卒然揭之則應而得矣其肉為羮內有細腸一縷如線去之糟醉更佳考諸書無其名惟字說有肘字音肘海蟲名也形似人肘故名今銅鍋頗似人肘或即是歟

銅鍋贊

神僧煎海幸救不乾
遺落銅鍋排列沙灘

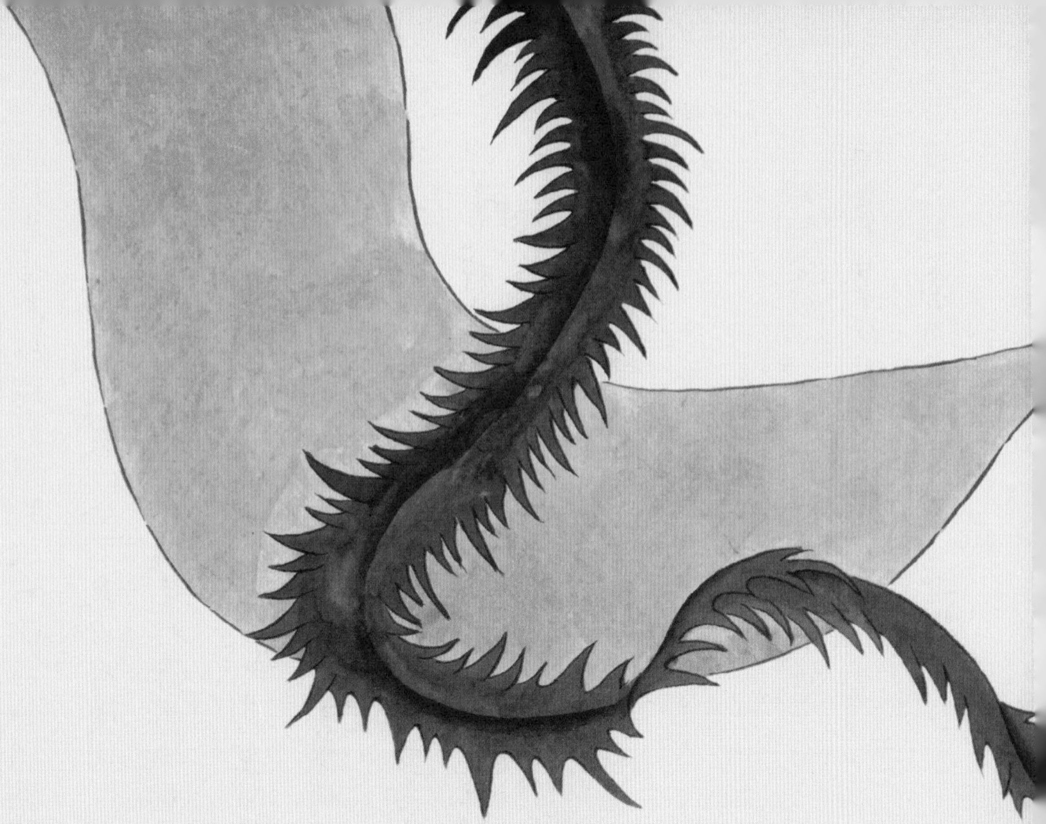

海帶產外海大洋光邊者在水時杏黃色濶七八寸毛邊者紅黑色濶半尺並約長一二丈不等出水乾之皆作黃綠色其狀如旂如帶毛邊者其尖兩短一長如火焰旗式尤奇古人作海賦者若孫興公木華子張融等不一所賦之物皆虛空摹擬未能親見奇物也使得覩海帶文壇尤當拔幟

海帶贊

龍王號帶

若位若黃

飄颻海上

旟旐央央

海　带

海带赞：龙王号带，若玄若黄。飘飖海上，旗旐央央。

海带，产外海大洋。光边者在水时杏黄色，阔七八寸；毛边者红黑色，阔半尺，并约长一二丈不等。出水干之，皆作黄绿色，其状如旂如带。毛边者其尖两短一长，如火焰旗式，尤奇。古人作《海赋》者，若孙兴公[1]、木华子[2]、张融[3]等不一，所赋之物皆虚空摹拟，未能亲见奇物也，使得睹海带，文坛尤当拔帜[4]。

[1] 孙兴公：孙绰（314—371），字兴公，东晋文学家、书法家，玄言诗派代表人物。孙绰曾作有《望海赋》。[2] 木华子：对木华的美称。木华，字玄虚。西晋辞赋家。木华曾作有《海赋》。[3] 张融（444—497）：字思光，一名少子。南朝齐文学家、书法家。张融曾作有《海赋》。[4] 拔帜：另树一帜。

| 译文 |

海带，产在外海大洋。边缘光滑齐整的海带在水里时是杏黄色的，宽七八寸；边缘毛糙的海带是红黑色的，宽半尺，都长约一两丈不等。出水晾干，都呈黄绿色，外形像旗帜的飘带。边缘毛糙的，它的尖两短一长，像火焰旗的样子，更是奇特。古人中创作过《海赋》的，远不止孙绰、木华、张融等人，但是所赋的东西都是对着虚空描摹出来的，只因他们没能亲眼见到这些奇怪的东西。假如他们看到海带，在文坛上更能独树一帜。

七鳞龟

七鳞龟赞：九孔八足，遍知螺蟹。七鳞名龟，独称闽海。

七鳞龟，生岛碛[1]间。背甲连缀七片，绿色，能屈伸，其下有粗皮如裾[2]。海人取此，剔去皮甲，其肉为羹，味清，市上鲜有。

[1] 碛（qì）：浅水里的沙石。[2] 裾（jū）：衣服的大襟，有时候也宽泛地指衣服的前后部分。

| 译文 |

七鳞龟，生在海岛和浅水里的沙石间。它的背甲七片连缀在一起，呈绿色，能屈伸。它的下面有像衣襟一样的粗皮。生活在海边的人捕捉到这种龟，剔去皮和龟甲，把它的肉做成羹，味道清香，市面上少有售卖。

鹿角菜其形如鹿角白色生海岩上素食以糖醋拌之脆滑而味清杭之賈者易其名曰麒麟菜謬矣閩中人謂之鷄爪菜其細而赤者形亦如鹿角四方通謂鹿角菜閩中稱為小鹿角菜所以別于白色者也然亦名為赤菜此菜四方食者甚少婦人多浸其汁抿髮以代膏沐

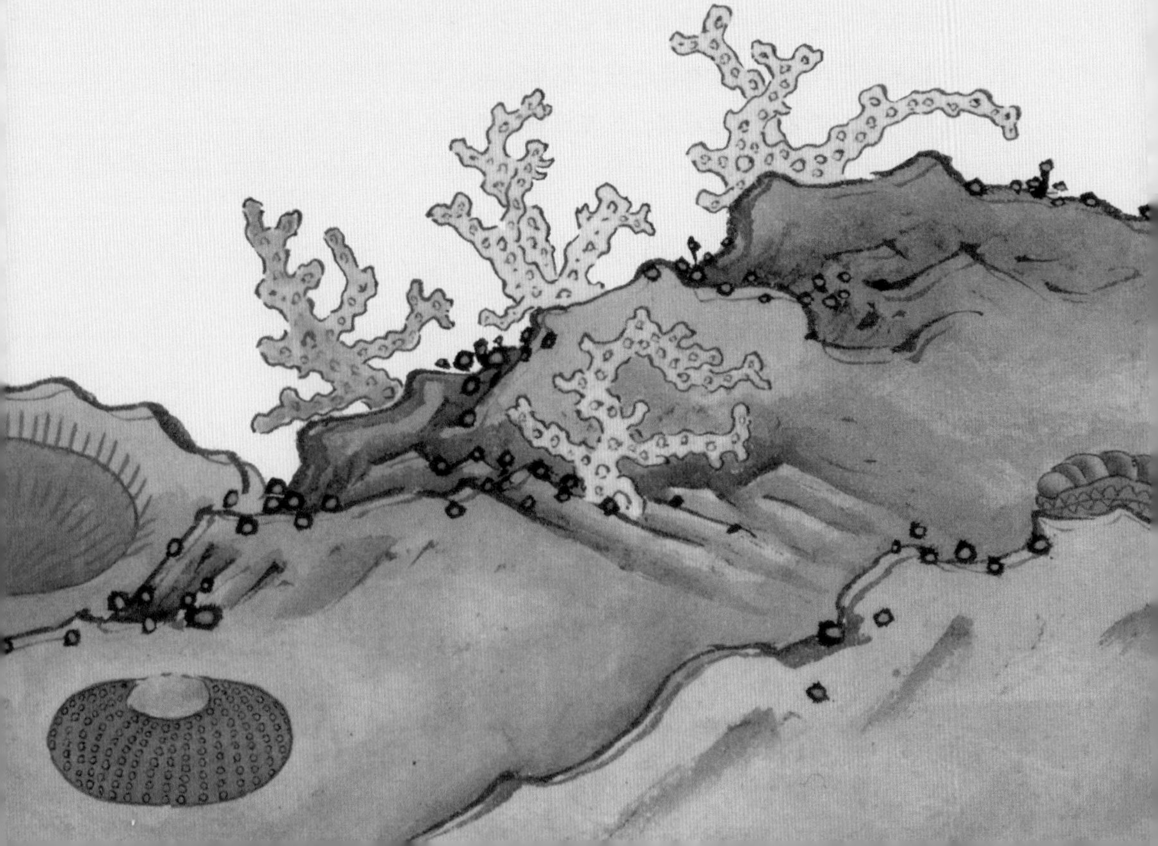

七鱗龜生島磧間背甲連綴七片綠色能屈伸其下有粗皮如裙海人取此剝去皮甲其肉為羹味清市上鮮有

鹿角菜贊

海物肖形
龜腳龍目
菜中之名
更有鹿角

七鱗龜贊

九孔八足
徧知螺蠏
七鱗名龜
獨稱閩海

鹿角菜

鹿角菜赞：海物肖形，龟脚龙目。菜中之名，更有鹿角。

鹿角菜，其形如鹿角，白色，生海岩上。素食以糖醋拌之，脆滑而味清。杭之贾[1]者易其名曰“麒麟菜”，谬矣。闽中人谓之“鸱爪菜”。其细而赤者，形亦如鹿角，四方通谓“鹿角菜”。闽中称为“小鹿角菜”，所以别于白色者也，然亦名为“赤菜”。此菜四方食者甚少，妇人多浸其汁抿发以代膏沐[2]。

[1] 贾（gǔ）：卖。[2] 膏沐：古代妇女润发的油脂。

| 译文 |

鹿角菜，它的形状像鹿角，是白色的，生于海岩上。生吃时用糖醋拌着吃，脆滑而味道清香。杭州卖鹿角菜的商人给它改了个名字叫“麒麟菜”，很是荒唐。福建人称它为“鸱爪菜”。其中细而红的，形状也像鹿角，各地通称为“鹿角菜”。福建地区称之为“小鹿角菜”，这是用来区别白色的鹿角菜，也叫“赤菜”。这种菜各地食用者非常少，妇人多蘸它的汁液抹在头发上来代替润发的油脂。

海荔枝

海荔枝赞：此种荔枝，何以生毛？杨妃见笑，贡使无劳。

海荔枝，其形如橘，紫黑色，壳上小瘟[1]如粟。活时满壳皆绿刺，如松针而短。潜于石隙间，不遇人其刺皆垂，见人则竖。其物虽微，似有觉者。其刺以汤揉之则落，内有一肉可食。其壳如钵盂式，甚坚，大者漆[2]为香盒亦雅。

[1] 瘟（lěi）：同“瘰”，中医指皮肤上起的小疙瘩。[2] 漆：此处为动词，涂漆、髹（xiū）漆的意思。

| 译文 |

海荔枝，它的形状像橘子，周身紫黑色，壳上的小疙瘩像小米一样大小。活着的时候满壳都是绿刺，像松针但比松针短。它潜伏在石头缝隙间，没人的时候它的刺都是垂下的，见到人就竖起来。这种东西虽然小，但似乎是有知觉的。它的刺用热水一焯就脱落了，里面有一块肉可以食用。它的壳像钵盂的样子，非常坚硬，大的髹漆制成香盒也很雅致。

石笋一名石鑽黑綠色殼薄而小生海岩石隙中味最佳採者每以鎚擊岩石令碎始得鮮得因美海人如採捕多獲則烘之貨於建寧上四府等處帶殼咀嚼甚有風味

石笋贊

石笋甚小
不及寸餘
風吹入海
化為竹魚

海荔枝其形如橘紫黑色殼上小㿔如粟活時
滿殼皆綠刺如松針而短潛於石隙間不遇人其
刺皆垂見人則豎其物雖微似有覺者其刺以
湯揉之則落内有一肉可食其殼如缽盂式甚
堅大者漆為香盒亦雅

海裩布生海岩石上綠色離披長數
尺闊僅如指其薄如紙採而晒乾以醋
拌食可口此物海鄉甚多固不足重
然能療癭結氣飲袋諸疾功與青
苔紫菜同孫綽望海賦華組依波
而錦披翠綸扇風而繡舉此類是
也

海荔枝贊
此種荔枝
何以生毛
楊妃見笑
貢使無勞

海裩布贊
海岩有菜
雖名裩布
野人妝之
難為窮褲

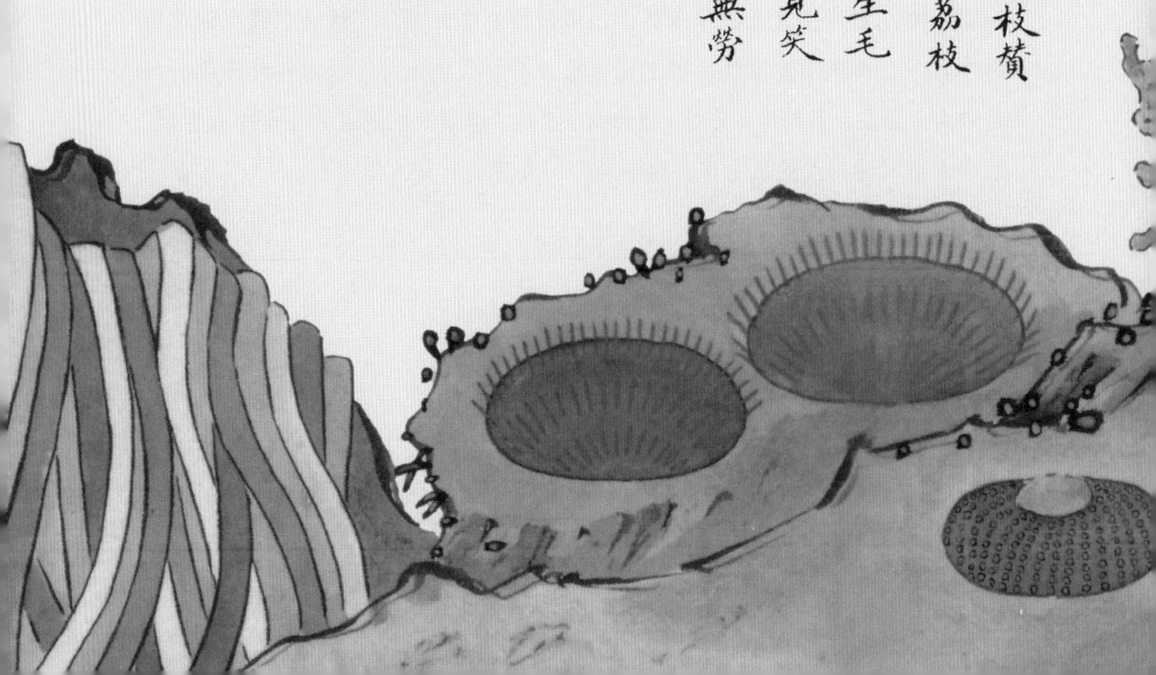

海裩布

海裩布赞：海岩有菜，虽名裩布，野人收之，难为穷裤。

海裩[1]布，生海岩石上。绿色离披[2]，长数尺，阔仅如指。其薄如纸，采而晒干，以醋拌食可口。此物海乡甚多，固不足重，然能疗瘿、结气、饮袋诸疾，功与青苔、紫菜同。孙绰《望海赋》“华组依波而锦披，翠纶[3]扇风而绣举”，此类是也。

---

[1] 裩（kūn）：同“裈”，古代有裆的裤子。[2] 离披：分散下垂的样子。[3] 翠纶（lún）：用翡翠装饰的钓丝。

| 译文 |

海裩布，生在海边的石头上。它整体呈绿色，分散下垂，长数尺，宽仅一指左右。它薄得像纸，采来晒干，用醋拌着吃很可口。这种东西在沿海地区非常多，向来不受重视，但它能治疗肿瘤、气机郁结、积水浮肿等疾病，功效与青苔、紫菜相同。孙绰《望海赋》里的“华丽的丝绳随波化作锦缎披散，装饰着翡翠的钓丝随风化作彩绸飘动”，描写的就是这类东西。

石　笋

石笋赞：石笋甚小，不及寸余。风吹入海，化为竹鱼。

石笋，一名“石钻”。黑绿色，壳薄而小。生海岩石隙中，味最佳。采者每以锤击岩石，令碎始得。鲜[1]得，因美。海人如采捕多获，则烘之，货于建宁上四府[2]等处。带壳咀嚼，甚有风味。

[1] 鲜（xiǎn）：少。[2] 上四府：指福建的建宁府、延平府、邵武府和汀州府。

| 译文 |

石笋，也叫“石钻”。它通体呈黑绿色，壳薄而小。生长在海岩缝隙中的，味道最好。采摘者常用锤子敲击岩石使之碎裂，才能得到。这种东西采摘困难，于是被大家视为美味。生活在海边的人如果采收到很多，烘干后售卖到建宁上四府等地。这种东西带壳咀嚼，风味甚佳。

冻　菜

冻菜赞：冻菜之微，等于溪毛。穷民生计，利析秋毫。

冻菜者，蛎壳浸于潮水，得受阳曦，便生绿毛。海人连壳取而晒干，以售于市。闽人洗而煎之，去壳漉[1]汁，凝之为冻，故名“冻菜”。夫石上之毛，不能熬冻，而必取蛎壳之毛者，其肥泽[2]在壳，故其毛可用。然止土人食之，不及四方，价贱不足重耳。夫冻菜之生于海也，其理甚微，而吾必附于《海错》者，何也？盖以海中蛎质变幻无穷，或凝而为山，或化而为石，或滋之以结花，或聚之以肥藻，冻菜其一节[3]也。

[1] 漉（lù）：过滤。[2] 肥泽：肌肉丰润。这里指养分。[3] 一节：一项。

｜译文｜

冻菜，是蛎壳浸在潮水中，因受到光照，不久后长出的绿毛。生活在海边的人连壳取来晒干，拿到市场上出售。福建人通常将它洗净后加水熬煮，去壳后过滤出汤汁，凝固成冻，所以叫“冻菜”。光石头上的毛不能熬冻，一定要取带蛎壳的毛才行，因为它的养分在壳上，所以它的毛可以熬冻。然而只有当地人吃这种东西，没有传及四方，价格也低，不受重视。冻菜生在海里，微不足道，为何我一定要把它列到《海错图》里呢？因为海中牡蛎的形态变幻无穷，或者凝聚成山，或者变成石头，或者滋生成花，或者聚合做海藻的肥料，冻菜就是其中的一种。

凍菜者蠣殼浸於潮水得受陽曦便生綠毛海人連殼取而晒乾以售于市閩人洗而煎之去殼漉汁凝之為凍故名凍菜夫石上之毛不能熬凍而必取蠣殼之毛者其肥澤在殼故其毛可用然止土人食之不及四方價賤不足重耳夫凍菜之生於海也其理甚微而吾必附於海錯者何也蓋以海中蠣質變幻無窮或凝而為山或化而為石或滋之以結花或聚之以肥藻凍菜其一節也

凍菜贊

凍菜之微等於溪毛

窮民生計利析秋毫

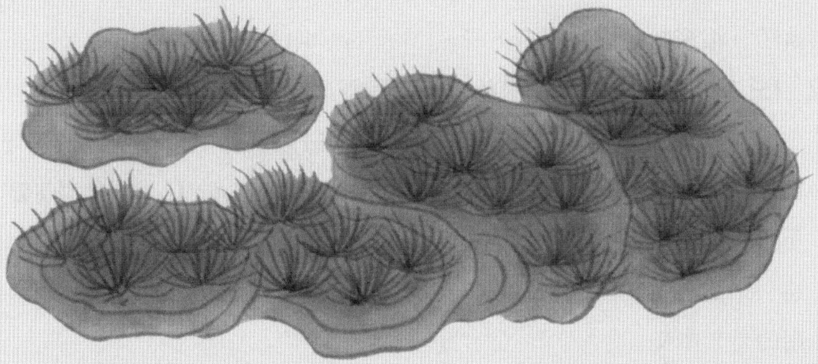

牡　蛎

牡蛎赞：蛎之大者，其名为牡。左顾为雄，未知是否。

蛎黄，产浙、闽、广海岸，附岩石而生，礧魂[1]相连。外壳为房，内有肉，略如蚌胎而柔白过之。其房能开合，潮至则开以受潮沫，潮退则合。海人取者，以冬月用斧斤[2]剥琢[3]始得。饮馔中，其味最佳，尤以小者为妙。咀味之余，予尝以“西施乳”品之。然吾乡钱塘，虽近海而不产，宁、台、温则有而小，闽广尤饶。蛎黄大者名“草鞋蛎”，其肉老而味薄，壳入药用，称“牡蛎”云。《泉南杂志》曰：牡蛎廉石而生，肉各有房，剖房取肉，故曰“蛎房”。泉无石灰，烧蛎房为之，坚白细腻，经久不脱。

草鞋蛎小者如掌，有长及一尺、二三尺者，海人用代执爨[4]冶铫[5]。海乡之民饮食器具，莫非海物，如鲎[6]背代杓[7]，鳅脊任舂[8]，海镜为窗[9]，螺壳作盆，而蛎房烧灰，所用为最广。其余朝飧夕饔[10]，鱼虾螺蟹诸物满席皆是。北人履其地，触目称怪，如入鲍鱼之肆[11]。

[1] 礧魂（léi kuǐ）：山石层叠堆积，高低不平的样子。[2] 斧斤：各种斧子。斤，本指锛子，很多时候也笼统指斧子。[3] 剥琢：叩击，敲打。[4] 爨（cuàn）：烧火煮饭。[5] 铫（diào）：煮开水熬东西用的器具。[6] 鲎：音hòu。[7] 杓（sháo）：同“勺”。[8] 舂（chōng）：把东西放在石臼或乳钵里捣去皮壳或捣碎。[9] 海镜为窗：见484页注释[1]。[10] 朝飧（sūn）夕饔（yōng）：应为“朝饔夕飧”。饔：早饭；飧：晚饭。常指才疏力薄，除吃饭外别无所能。此处仅指“早饭、晚饭”这一字面意思。[11] 鲍鱼之肆：卖鲍鱼的店铺。常用来比喻坏人很多的地方。此处用的是其本义。

| 译文 |

蛎黄，产在浙江、福建、两广的海岸，附着在岩石上生长，高低不平地连在一起。外壳是蛎房，里面有肉，大致像蚌肉，但柔软洁白的程度超过蚌肉。它的壳能开合，潮水来的时候就打开以接受潮沫，潮水退的时候就闭合。生活在海边的人采收这种东西，须在冬天用斧子敲打才能把它从海岩上剥下来。蛎黄用来下酒甚好，个头小的滋味更妙。咀嚼品味之余，我曾经以“西施乳”品评。我的家乡钱塘，虽然临近大海却不出产蛎黄，宁波、台州、温州虽有，但是个头小，福建、两广特别多。大的蛎黄名叫“草鞋蛎”，它的肉老而味道淡，壳入药用，称作“牡蛎”。《泉南杂志》里说：牡蛎附着在石头上生长，各自有像房子一样的壳，剖开壳才能取肉，所以叫“蛎房”。泉南没有石灰，人们烧牡蛎壳来替代它，这种石灰牢固、洁白又细腻，经过很长时间也不会脱落。

草鞋蛎小的如巴掌大小，大的长度达一尺甚至两三尺，海边的人用它的壳来当炊具。沿海地区百姓的饮食器具，没有不使用海产品的，如鲎的后背代替勺子使用，海鳅的脊骨可以当舂臼，海镜做窗，螺壳当盆，而用蛎房烧制石灰，用途最广。其余一日三餐，鱼虾螺蟹等东西满席都是。北方人来到这里，看到这些都惊诧不已，像进了鲍鱼之肆。

不脱

草鞋蠣小者如掌有長及一尺二三尺者海人用代執爨沿銚海鄉之民飲食器具莫非海物如礨背代杓鰌脊任舂海鏡為窓螺殼作盆而蠣房燒灰所用為最廣其餘朝飧夕饔魚蝦螺蛳諸物滿席皆是北人覔其地觸目稱怪如入鮑魚之肆

牡蠣賛

蠣之大者其名為牡

左顧為雄未知是否

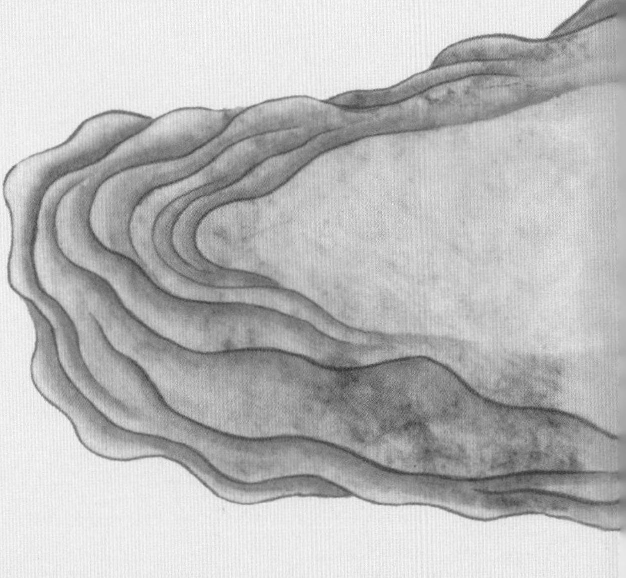

蠣黃產浙閩廣海峤附岩石而生礧磈相連外殼為房內有肉暑如蚌胎而柔白過之其房能開合潮至則開以受潮沫潮退則合海人取者以冬月用斧斤剥琢始得飲饌中其味最佳尤以小者為妙咀味之餘予嘗以西施乳品之然吾鄉錢塘雖近海而不產寧台溫則有而小閩廣尤饒蠣黃大者名草鞋蠣其肉老而味薄殼入藥用稱牡蠣云泉南雜誌曰牡蠣㞐石而生肉各有房剖房取肉故曰蠣房泉無石灰燒蠣房為之堅白細膩經久

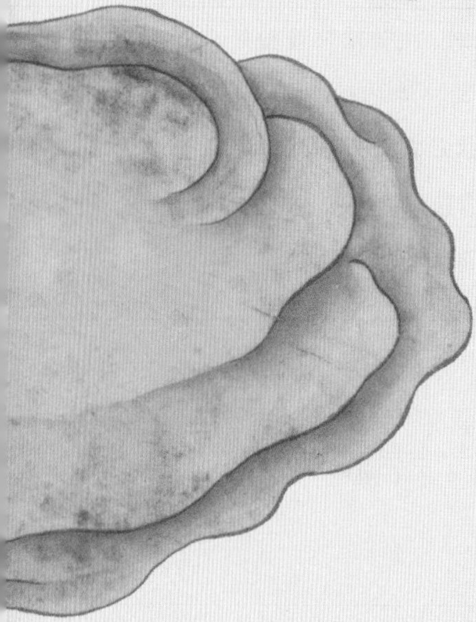

药物海马

药物海马赞：四海一水，万物一马。因物立名，何真何假？

《异鱼图》云：海马，收之暴[1]干，以雌雄为对，主难产及血气。《图经》云：生南海，头如马形，虾类也。妇人难产，带之，或烧末米饮服[2]，手持亦可。《异志》云：生西海如守宫[3]形。亦云：主妇人难产。愚按：三说，《异志》所云"如守宫"，大谬。闽广海滨水石多产此物，小者杂鱼虾，往往生得之。畜于水中，辨[4]有划水及翅而善跃，非虾非鱼，盖海虫而以马名者。或谓：马之为物，必有鬣、有足，今此虫乌[5]得称"马"？予曰：以马喻[6]马之非马，不若以非马喻马之非马也[7]。

[1] 暴（pù）：同"曝"。[2] 烧末米饮服：烧炭存性，研成粉末，米汤冲服。[3] 守宫：壁虎。[4] 辨：原文作"辫"，应系笔误，据文意改。[5] 乌：疑问代词，哪，怎么。[6] 喻：明白，知道。[7] 以马喻马之非马，不若以非马喻马之非马也：语出《庄子·齐物论》。

| 译文 |

《异鱼图》里说：海马，捕获之后晒干，雌雄配对，主治难产及血气。《本草图经》里说：海马生在南海，脑袋像马的形状，是虾一类的动物。妇女难产，带着它，或烧炭存性，研成粉末，米汤冲服，或用手拿着它也行。《异志》里说：海马生在西海，样子像壁虎。也说主治妇人难产。愚按：以上三种说法，《异志》所说的"像壁虎"是大错特错的。福建、两广海滨水石间多出产这种东西，小的夹杂在鱼虾里，往往能被活捉。养在水中，能看出它有划水的鳍，也有翅，还善于跳跃，它不是虾也不是鱼，只是一种以"马"来命名的海虫。有人说：马这种动物，一定有鬣、有足，现在这种虫子哪里能叫"马"？我用《庄子》里的话回答说：用马来说明白马不是马，不如用不是马（却叫"马"）的动物来说明马不是马。

異魚圖云海馬收之暴乾以雌雄為對主難産及血氣圖經云生南海頭如馬形蝦類也婦人難産帶之或燒末米飲服手持亦可異志云生西海如守宮形亦云主婦人難産愚按三說異志所云如守宮大謬閩廣海濵水石多産此物小者雜魚蝦往往生得之畜於水中辯有划水及翅而善躍非蝦非魚蓋海虫而以馬名者或謂馬之為物必有鬛有足今此虫烏得稱馬予曰以馬喻馬之非馬不若以非馬喻馬之非馬也

藥物海馬賛

四海一水萬物一馬
因物立名何真何假

吸毒石

吸毒石赞：石有吸毒，本名婆娑。真者难得，伪者甚多。

吸毒石，云产南海。大如棋子而黑绿色。凡有患痈疽对口[1]、疔疮[2]发背诸毒，初起，以其石贴于患处，则热痛昏眩者逾一二时后，不觉清凉轻快，乃揭而投[3]之人乳中，有顷，则石中迸出黑沫，皆浮于乳面，盖所吸之毒也。乃又取石，仍贴患处，以毒尽为度。石不能贴而落，则毒尽矣。凡治患者，必投乳以出毒，否则毒蕴结[4]于石，石必碎裂而无用。然一石不过用十余次，久之，吸毒之力减或破碎不可用。故藏此者，不轻以假[5]人。售[6]此石者，解急需者，难购不易得。余寓福宁，承天主堂教师万多默惠[7]以二枚，黑而柔嫩。以其一赠马游戎，其一未试，不知其真与伪也。考诸类书以及《本草》《海槎录》《异物记》，并无石有以"吸毒"名者。止于《汇苑》见有"婆娑石"，云生南海，解一切毒。其石绿色，无斑点，有金星。磨之成乳汁者为上。番人尤珍贵之，以金装饰，作指弸[8]带之。每饮食罢，含吮数四[9]以防毒。其石欲试真假，滴鸡冠热血于碗中，以石投之，化其血为水者乃真也。亦谓之"婆娑石"，今日吸毒石即此。

[1] 对口：中医指生在脑后、部位跟口相对的疮。也叫"对口疮""对口疽"。[2] 疔疮：好发于颜面和手足部的外科疾患。这种病开始有粟米样的小脓头，发病迅速，以根深坚硬如钉为特征。"疔"《海错图》原文误作"钉"。[3] 投：原文此处误作"拔"，据下文"投"字改。[4] 蕴结：情绪、愿望等积聚在内心深处而不得发泄，

这里指毒素聚集。[5] 假：借。[6] 售，此处当读shú，是“买”的意思。[7] 惠：赠送。[8] 彄（kōu）：戒指、环子一类的东西。[9] 数（shuò）四：再三再四。

| 译文 |

吸毒石，据说产在南海。大小像棋子，呈黑绿色。凡患有对口痈疽，或者后背长疔疮等毒的，刚发毒时，用这种石头贴在患处一两个时辰之后，热痛昏厥眩晕的病人不禁感到清凉轻快，这时把它取下来投入人的乳汁中，不一会儿，石头里就迸出黑沫，都浮在乳汁表面，这就是它所吸的毒。将吸毒石仍贴在患处，直至毒尽为止。若石头不能贴住而往下掉落，那就意味着毒被吸尽了。凡是用来治病的吸毒石，一定要投入人乳中排出毒素，否则毒素郁结在石头里，石头一定会碎裂而无法使用。然而一块吸毒石也不过用十几次，时间长了，吸毒的功能就会减弱或者破碎不能用了。所以，收藏这种石头的人，不轻易借给别人。求购这种石头的，通常是为了治疗急危难症，现找不容易买到。我寓居福宁，承蒙天主堂神甫万多默惠赠两枚，外形黑但触手柔嫩。我将其中一枚赠送给马游戎，另一块没有试过，不知道它的真假。考查众多类书以及《本草》《海槎录》《异物记》，并没有记录名叫“吸毒石”的石头。仅仅在《汇苑》里见到有“婆娑石”条目，据说生在南海，能解一切毒。这种石头呈绿色，没有斑点，有金星。能磨成乳汁的为上品。外国人特别珍视它，常用金子装饰，做成戒指戴着。每次吃喝完毕，含吮多次来防毒。想要测试这种石头的真假，只须在碗里滴几滴鸡血，把石头投进去，能把血化成水的就是真的。也被称为“婆娑石”，今天说的吸毒石就是这种。

凡治患者必投乳以出毒否則毒蘊結於石石必碎裂而無用然一石不過用十餘次久之吸毒之力減或破碎不可用故藏此者不輕以假人售此石者解急需者難購不易得余寓福寧永天主堂教師萬多默惠以二枚黑而柔嫩以其一贈馬遊戎其一未試不知其真與偽也考諸類書以及本草海槎録異物記並無石有以吸毒名者止於彙苑見有婆娑石云生南海解一切毒其石緑色無斑點有金星磨之成乳汁者為上番人尤珍貴之以金裝飾作指彄帶之每飲食罷含吮數四以防毒其石欲試真假滴雞冠熱血於碗中以石投之化其血為水者乃真也亦謂之婆娑石今日吸毒石即此

小塩如浙塩

大塩如淮塩

吸毒石贊

石有吸毒
本名婆娑
真者難得
僞者甚多

海塩贊

淮塩多曬
浙塩多煎
曬煎兩用
惟閩能兼

吸毒石云產南海大如棋子而黑綠色凡有患癰疽對口釘瘡發背諸毒初起以其石貼於患處則熱痛昏眩者逾一二時後不覺清涼輕快乃揭而拔之人乳中有頃則石中迸出黑沫皆浮於乳面蓋所吸之毒也乃又取石仍貼患處以毒盡為度石不能貼而落則毒盡矣

海　盐

海盐赞：淮盐多晒，浙盐多煎。晒煎两用，惟闽能兼。

图注：小盐如浙盐，大盐如淮盐。

海水何以咸？《天经或问》辨之详矣，曰：海水之咸皆生于火。如火燃薪，木既已成灰，用水淋灌，即成灰卤，干燥之极，遇水则咸，此其验也。地中得火既多干燥，干燥遇水[1]即成盐味。盐性下坠。试观五味，辛、甘、酸、苦皆寄草木，独是盐味寄于海水，足征四味浮轻，盐性沉重矣。海于地中为最卑下，诸盐就之。又曰：地中火暖，多能变化，盐能固物，使之不腐，又能敛物，使之不生。盐水生物，美于淡水。盐水厚重，载物则强，故入江河而沉者或入海而浮。海舟入江，验痕深浅[2]；石莲试海，盐则莲浮[3]。可见盐能载物明矣。《图象几表》云：日光彻地，则生温热。温热之极，则火成烬。水经其烬，因而得盐，故忘其热。而海水不冰者，亦具有热性矣。热极入地，即成干燥。郁为雷霆，升于晶明[4]。火之精微[5]，洞穴相通，则为西国火山、蜀中火井[6]。若遇石气滋液发生，则成硫[7]矾；泉源经之，即为温泉。火道所经，填压不出，则为火石。故火在地中，助于土气，发生万物。五金八石[8]及诸珍宝，皆由火炼而成。然物中最近火者，无如硫黄。水过其上，则成温泉。游子六[9]《天经或问》，吾因论海盐，节略其说如此。此至理也。但地中之水易见，地中之火难见。判出奥义[10]，可知万物虽生于土，非死土也，有活火以养之。海之生物亦类焉。《洪范》论“五行”曰“火炎上[11]”。又曰“润下作咸海”。火与盐虽似反背[12]，不知激为波涛，嘘为潮汐，颠倒错乱而生生之理出，不但盐生于火，而诸物皆生于火。即如一蛎，本属湿生，为盐水之沫所结而成，而火性存焉。南海向阳，无处不生，即枯腐之壳，或为风水之所飘聚，则结而为石花，从而为冻菜。或为鱼虫之所吞食，而遗[11]出之则为石珊瑚、羊肚、鹅管、松纹、菌叶等石，阳刚之质几同五金，故朽壳仍存生理而不坏。观于盐块入水则化，入火不消，可知盐实生于火而受克于水，有明征矣。淮盐多晒出，其粒粗重而黑；浙盐皆熬成，其粒轻细而白；闽中之盐亦晒亦熬，晒者名“大盐”，熬者名“小盐”。既晒且熬，其盐最广，其价亦贱。自昔民间足食，迩来盐价甚昂，商民交困。何以至此？念国计民生者亟早察之。

[1] 遇水：《海错图》引《天经或问》作“遇火”，据《泰西水法》卷五改。[2] 海舟入江，验痕深浅：《泰西水法》卷五：“尝见海舟载物未增，入于江河，验其水痕，顿深尺许。”《天经或问》卷四误“海舟”为“海月”，《海错图》转述《天经或问》，亦误，据《泰西水法》改。[3] 石莲试海，盐则莲浮：古人以石莲子测试盐水浓度，《太平寰宇记》《西溪丛语》《泰西水法》等书皆载。《海错图》当是转述《天经或问》：“石莲试卤，成则莲浮，可见咸能载物。”[4] 郁为雷霆，升于晶明：古人多认为雷是郁结于地而升于天空。如清代《易原》一书即言：“雷出于地而升于天，《大壮》象也。”晶明：此处当指天空。[5] 精微：精深微妙。[6] 蜀中火井：产可燃天然气的井。古代多用以煮盐。今四川邛崃境内火井镇，有汉代临邛古火井的遗址，是世界上最早发现天然气的地方。[7] 硫：与下文“硫黄”的“硫”《海错图》俱误作“琉”，据文意改。[8] 五金八石：古代道家炼丹所常用的原料。五金，指金、银、铜、铁、锡五种金属。八石，指朱砂、雄黄、雌黄、空青、云母、硫黄、戎盐、硝石八种石质原料。[9] 游子六：游艺，字子六，号岱峰，明末清初学者。[10] 奥义：佛教用语，指内容深刻的道理。[11] 火炎上：火下脱一“曰”字，《尚书·洪范》原文为“火曰炎上”。唐代无名氏《郊庙歌辞·汉宗庙乐舞辞·灵长舞》有“火炎上，水灵长”句，但非本文所引内容。[12] 反背：违背，相反。[13] 遗：排泄大小便。

| 译文 |

海水为什么咸？《天经或问》里辨析得非常详细，说：海水的咸味都产生于火。就像火烧木柴，木柴已经成灰，用水淋灌，就成了灰卤，极度干燥之后，遇到水就是咸的，这就是明证。地中得火之后多干燥，干燥遇水就有盐味。盐性是下坠的。试看五味，辛、甘、酸、苦都寄托于草木，只有这盐味寄托于海水，足以证明四味浮轻，盐性沉重。海的地势是最低的，众多盐分都汇聚其中。又说：大地的火是暖的，能让许多物体发生变化，盐能使物性稳固，使它不腐坏，又能使物性收敛，让它不生长。盐水里生长的东西，味道比淡水里生长的东西美。盐水厚重，承载物体的能力就强，所以在江河中沉下去的东西，有的进入海里能浮起来。海船进入江中，检验吃水线的深浅；用石莲子测试海水，盐分足它就会浮起来。可见盐能承载物体这一点是非常明晰的。《图象几表》里说：日光照在地上，就产生热量。温热到了极致，那么火就能把别的东西烧成灰烬。水经过它的灰烬，于是就得到了盐卤，所以人们忘了盐的热性。而海水不结冰，也是因为具有热性。热到极致进入了地里，就成为干旱。甚至郁结成雷霆，升到天空。火精深微妙，与地下洞穴相通，就形成西国火山、蜀中火井。如果遇到石气滋液发生，就成为硫矾；泉源经过，就成为温泉。火从地里经过，填压不出，就成为火石。所以火在地中，帮助土气生发，有助于万物生长。五金八石及各种珍宝，都是由火炼成的。然而各种物体中最接近火的，莫过于硫黄。水经过它上面，就成了温泉。游艺有一部《天经或问》，我因为要谈论海盐，在这里节略引用它的这些说法。这是最精深的道理。但地中的水容易见到，地中的火难以见到。分辨出这深刻的道理，可以知道，万物虽生于土，但不是死土，而是有活火来滋养。大海生养万物也差不多。《洪范》里论“五行”说“火是炎热上升的”。又说“水向下渗透成为有咸味的大海”。火与盐虽然好像是相反的，人们却不知道激荡为波涛、吐气为潮汐，颠倒错乱而生生不息的道理由此而出，不但盐生于火，各种东西都生于火。比如牡蛎，本属湿生，为盐水之沫所结而成，而火性存在其中。南海向阳，到处都有生机，即便枯腐的贝壳，有的被风水所飘聚，则结成石花，丛生成冻菜；有的被鱼虫所吞吃，排出的则是石珊瑚、羊肚、鹅管、松纹、菌叶等石，阳刚的质地几乎跟五金相同，所以朽烂的壳仍然存在生理机能而不坏。观察到盐块入水则化，入火不消，可知盐实际上生于火而受克于水，这是明确的证据。淮盐多是被晒出的，它的颗粒粗重而黑；浙盐都是熬成的，它的颗粒轻细而白；福建地区的盐有的晒有的熬，晒的叫“大盐”，熬的叫“小盐”。又晒又熬，故产盐最多，价格也便宜。自古以来民间足够食用，但近来盐价非常贵，商人和普通百姓都很窘迫。怎么会到这个地步？关心国计民生的官员应该尽早注意这个问题。

海水何以鹹天經或問辨之詳矣曰海水之鹹皆生於火如火燃薪木既已成灰用水淋灌即成灰鹵乾燥之極遇水則鹹此其驗也地中得火既多乾燥乾燥遇火即成鹽味鹽性下墜試觀五味辛甘酸苦皆寄草木獨是鹽味寄於海水足徵四味浮輕鹽性沉重矣海於地中為最卑下諸鹽就之又曰地中火煖多能變化鹽能固物使之不腐又能斂物使之不生鹽水生物美於淡水鹽水厚重載物則強故入江河而沉者或入海而浮海月入江驗痕深淺石蓮試海鹽則蓮浮可見鹽能載物明矣圖象幾表云日光徹地則生溫熱溫熱之極則火成爐水經其爐因而得鹽故忌其熱而海水不冰者亦具有熱性矣熱極入地即成乾燥鬱為雷霆升於晶明火之精微洞穴相通則為西國火山蜀中火井若遇石氣滋液發生則成琉礬泉源經之即為溫泉火道所經填壓不出則為火石故火在地中助於土氣發生萬物五金八石及諸珍寶皆由火煉而成然物中最近火者無如琉黃水過其上則成溫泉游子六天經或問吾因論海鹽節畧其說如此此至理也但地中之水易見地中之火難見判出與義可知萬物雖生於土非死土也有活火以養之海之生物亦類焉洪範論五行曰火炎上又曰潤下作鹹海火與鹽雖似反背不知激為波濤噓為潮汐顛倒錯亂而生生之理出不但鹽生於火而諸物皆生於火即如一蠣本屬溼生為鹽水之沫所結而成而火性存焉南海向陽無處不生即枯腐之殼或為風水之所飄聚則結而為石花叢而為凍菜或為魚蝦之所吞食而遺出之則為石珊瑚羊肚鵞管松紋菌葉等石陽剛之質幾同五金故朽殼仍存生理而不壞觀於鹽塊入水則化入火不消可知鹽實生於火而受尅於水有明徵矣淮鹽多晒出其粒粗重而黑浙鹽皆熬成其粒輕細而白閩中之鹽亦晒亦熬晒者名大鹽熬者名小鹽既晒且熬其鹽最廣其價亦賤自昔民間足食邇來鹽價甚昂商民交困何以至此念國計民生者亟早察之

知风草

知风草赞：大块噫气，自西自东。知风之自，草上之风。

图注：横施于叶，上者为节。图内七节，则七风矣。

知风草，生边海山岩，闽广海滨处处有之。其草月月生成，有直绉纹，已具风动水成纹之象。所最奇者，每一节一风，无节无风[1]。

[1] 每一节一风，无节无风：《广东通志》卷五十二："知风草出琼州，丛生藤蔓，土人视节知一岁风候，每一节一风，无则无风。"

| 译文 |

知风草，生长在边海山岩，福建、两广海滨到处都有。这种草年年岁岁都在萌发生长，它有直皱纹，已具有风动水成纹的样子。最神奇的是，知风草上每一节预示着当年将刮一次飓风，无节则代表无风。

海铁树

海铁树赞：海中有树，非旌阳铁。即便开花，妖龙不孽。

海铁树，生海底石尖上，小者长五六寸，高大者长尺余，有枝无叶，其质甚坚。初在水有红皮，出水经久则变黑。其干如铁线，渔人往往网中得之。雅客植之花盆，俨同活树扶苏[1]，案头清赏[2]，亦美观[3]也。以其坚硬，亦名“海梳”。

[1] 扶苏：花木名。[2] 清赏：指幽雅的景致或清雅的玩物（金石、摆件等），也称“清玩”。[3] 美观：美好的观赏物。

| 译文 |

海铁树，生长在海底石尖上，小的长五六寸，高大的长一尺多，有枝无叶，质地非常坚硬。最初在水里有红皮，出水时间长了则变黑。它的树干像铁线，渔民往往能用渔网捞到。情趣高雅的人把它植入花盆，俨然跟活的扶苏树一样，作为案头清玩，也是美好的观赏物。因为它质地坚硬，也叫“海梳”。

盆𤫊同活樹扶𦼮案頭清賞亦美觀也以其堅硬亦名海梳

海鉄樹贊

海中有樹非旌陽鉄
即便開花妖龍不孽

知風草生邉海山岩閒廣海濱處處有之其草月月生成有直縐紋已具風動水成紋之象所最奇者每一節一風無節無風

知風草贊

大塊噫氣
自西自東
知風之自
草上之風

横施于葉上者為節圖内七節則七風矣

海鉄樹生海底石尖上小者長五六寸高大者長尺餘有枝無葉其質甚堅初在水有紅皮出水經久則變黑其榦如鐵線漁人往往網中得之雅客植之花

海　燕

海燕，五花[1]，如鲨鱼皮，吸石上，能飞。产东海。可治癣。

[1] 五花：这里指五瓣，五角形。

| 译文 |

海燕，呈五角形，像鲨鱼皮，吸附在石头上，能飞。产于东海。能治疗癣疾。

石　花

石花赞：非桃非李，不叶不干。石上奇葩，天女所散。

石花，生外海石岩上有蛎屑、泥沙、潮水推聚处。闽中亦称为“番菜”，以其不产内海也。其形扁而斑赤，多芒而软。吾浙多熬之为冻菜，为斋食之佳味。张汉逸曰：“吾浙中有三种菜，皆可为冻。石花及蛎壳所生冻菜是两种，大鹿角菜亦堪熬冻。”海乡俭朴，多取蛎壳之毛煎熬，故得专“冻菜”之名。

| 译文 |

石花，生长在外海岩石上蛎屑、泥沙、潮水汇集的地方。福建地区也称之为“番菜”，这是因为它不产在内海。它的形状扁平而呈斑驳的红色，多细刺，质地柔软。我们浙江多把它熬成冻菜，是素菜中的美味。张汉逸说：“我们浙江有三种菜，都可以熬成冻。石花及蛎壳所生的冻菜是其中两种，大鹿角菜也能熬冻。”沿海地区百姓比较俭朴，多取蛎壳的毛熬冻，所以它得以专有“冻菜”之名。

石花生外海石岩上有蠣屑泥沙潮水推聚廈閩中亦稱爲番菜以其不産内海也其形扁而斑赤多芒而軟吾浙多熬之爲凍菜爲齋食之佳味張漢逸曰吾浙中有三種菜皆可爲凍石花及蠣殻所生凍菜是兩種大鹿角菜亦堪熬凍海鄉儉朴多取蠣殻之毛煎熬故得專凍菜之名

海燕五花如魦魚皮吸石上能飛產東海可治癬

石花贊

非桃非李

不葉不榦

石上奇葩

天女所散

珊瑚树

珊瑚树赞：玳瑁砗磲，亦产海岛。何若珊瑚，人间至宝。

《海中经》云：取珊瑚，先作铁网沉水底。珊瑚从水底贯中而生，岁高二三尺，有枝无叶，因绞网出之，皆摧折[1]在网，故难得完好者。汉积翠池[2]中有珊瑚，高一丈二尺，一本三柯[3]，云是南越王尉佗[4]所献，夜有光景。晋石崇[5]家有珊瑚，高六七尺[6]。今并不闻有此高大者。《汇苑》云：珊瑚生大海有玉处，其色红润可为珠，间有孔者，出波斯国、狮子国[7]。以铁网沉水底，经年[8]乃取。《本草》云：生南海，今广州亦有。又云：珊瑚初生盘石[9]上，白如菌，一岁黄，三岁赤。以铁网取，失时不取则腐。入药去目中翳。《异物志》云：出波斯国，为人间至贵之宝。诸书之所论如此。又考《四译考》，安南产赤、黑二种，在海直而软，见日曲而坚。爪哇、满剌加[10]、天方国[11]皆产珊瑚。而三佛齐海中深处，云珊瑚初生白，渐长变黄，以绳系铁锚[12]取之，初得软腻，见风则干硬，变红色者贵。此皆西南海中所产。至考西番贡献，诸国不近海，亦贡珊瑚，岂陆地亦生[13]耶？博雅君子当为考辨。珊瑚之根亦生盘石上，如石珊瑚状。康熙初，广东一守令[14]得之，以此兆衅[15]。珊瑚有根，竞传为奇，张汉逸述之甚详。赤珊瑚为大珠，日本人最爱，不惜数百缗[16]易一粒。佩之于身，云可验一身吉凶：富贵康宁，则珊瑚红光璀燦；倘其人不禄[17]，则珊瑚渐白暗而枯燥矣。故番人珍之。鼎革[18]以后，京师民间多得断折珊瑚，长尺或七八寸、五六寸者。冬月，攒竖元炉以夸兽炭[19]，周布[20]宝石以像活火，下填珠玉以状死灰，俨然毁玉作薪，以真珊瑚而仿佛于炊爨之余。数年之后，天下大定，官民护惜环宝，商贾争售珍异。国制：朝服披领之上，必挂念珠，珀香而外，以珊瑚为贵[21]。凡民间蓄得珊瑚，皆琢而成珠。所尚既繁，而珊瑚不可多得，乃有造珊瑚者出。其设想取材，匪彝所思[22]，非土非石，非角非牙，亦非烧料[23]，盖所取者，废弃碗磁[24]。造者遍捡粪壤泥淖之间，择其底足厚者，以水净之，剖，令玉工錾而圆，琢而细，磨鑢滑泽，然后孔之，煮以茜草[25]，煨[26]以血竭[27]。其浅绛之色，正与珊瑚等，穿为念珠，亦坚亦重，亦滑腻而华美，饰以金玉，缀以丝锦，货于大市[28]，虽良贾不能辨。假珊瑚冒真珊瑚之名，而竟得与珠玉争光。噫！燕石[29]在笥[30]，则卞氏长号[31]，诚伪颠倒，岂独一珊瑚之真假为然哉？

---

[1] 摧折：折断。[2] 积翠池：汉唐皇宫中池名。[3] 柯：树枝。[4] 尉佗：一作“尉他”。即赵佗（约前240—前137），原为秦朝将领，与任嚣攻下百越之地。秦末大乱时，赵佗割据岭南，建立南越国。因为他曾做过秦朝的南海郡尉，所以也被称为“尉佗”。[5] 石崇（249—300）：字季伦，西晋时期文学家、官员、富豪，以生活富足奢侈而闻名。[6] 石崇与王恺斗富，用铁如意打碎了王恺高达二尺的珊瑚树，然后让左右将家里的珊瑚树取来，石崇家的珊瑚树高达三四尺，树干、枝条举世无双，光彩夺目，有六七棵之多。事见《世说新语·汰侈》。与本书所说的“高六七尺”稍有出入。[7] 狮子国：斯里兰卡的古称。[8] 经年：经过一年或若干年。[9] 盘石：大石头。一般多写作“磐石”。[10] 满剌加：指1402年由拜里米苏拉苏丹所建立的马六甲王朝，中国在明代时称之为满剌加国，在作者所处的时代，满剌加国已经被葡萄牙殖民者占领。[11] 天方国：我国古时称阿拉伯为天方国。[12] 铁锚：《海错图》原文误作“铁猫”，据文意改。[13] 陆地亦生：不临海的国家进贡的珊瑚应该是贸易所得，作者囿于时代局限，提出了珊瑚可能也产自陆地的错误想法。[14] 守令：官名合称，指郡守及县令，这里指知府及知县。[15] 兆衅：烧灼甲骨所生的裂纹。此处用作动词。[16] 缗（mín）：本指穿铜钱用的绳子，后来用于成串的铜钱的量词，每串一千文为一缗，也称一贯或一吊。[17] 不禄：古代对士之死的讳称。意为不再享俸禄。这里指要死。[18] 鼎革：鼎新革故。采取新的，去掉旧的，多指改朝换代。这里特指明清易代。[19] 兽炭：做成兽形的炭。亦泛指炭或炭火。[20] 周布：遍布。[21] 实际

上清代朝珠的材质与等级问题远比作者说的复杂，作者只是单纯从材质价值方面这么说的。[22] 匪彝所思：即“匪夷所思”。古代“彝”字有时用法同“夷”。[23] 烧料：用含有硅酸盐的岩石粉末与纯碱混合，加上颜料，加热熔化，冷却后凝成的一种玻璃状物体，多用以制造器皿或手工艺品。制成的器物被称为“料器”。[24] 磁：同“瓷”。[25] 茜（qiàn）草：茜草科茜草属多年生草质攀缘藤木。茜草是一种历史悠久的红色植物染料。[26] 煨：本指把食物直接放在带火的灰里烧熟。这里指古董作伪方法之一，把要作伪的东西涂上一些材料，烤出伪造的沁色或皮壳。[27]血竭：中药名。为棕榈科植物麒麟竭果实渗出的树脂经加工制成。[28] 大市：古代指午后设立的集市。因来集市的人多而有此名称。后来也泛称大的集市。[29] 燕（yān）石：燕山所产的一种类似玉的石头，也称“燕珉（mín）”。比喻不甚珍贵之物。[30] 笥（sì）：盛饭或盛衣物的方形竹器。[31] 卞氏长号（háo）：楚国人卞和在荆山发现璞玉，将之献给楚厉王和楚武王，先后两次被刖足。楚文王即位之后，卞和抱着璞玉在荆山脚下痛哭，感叹珍贵的美玉被当作石头。事见《韩非子·和氏》。

| 译文 |

《海中经》里说：捞取珊瑚，得先制作铁网沉在水底。珊瑚从水底穿过铁网而生长，每年长高两三尺，有枝无叶，由于是绞网把它取出，珊瑚都折断在网里，所以难得有完好的。汉代积翠池中有珊瑚，高一丈二尺，一根三杈，据说是南越王赵佗所献，晚上有光亮。晋代石崇家里有珊瑚，高达六七尺。现在没听说过还有这么高大的。《汇苑》里说：珊瑚生在大海里有玉的地方，颜色红润的可以制成珠子，偶尔有带孔的，产自波斯国和狮子国。用铁网沉在水底，过了一年甚至几年才能捞取。《本草》里说：珊瑚生在南海，现在广州也有。又说：珊瑚最初生长在大石头上，呈白色，像菌类，第一年的时候是黄色的，第三年的时候是红色的。要及时用铁网捞取，超过时间不捞就腐坏了。入药能去眼睛中的白膜。《异物志》里说：珊瑚产自波斯国，是人间最贵重的宝贝。各种书的论述都是这样。又查证《四译考》，里面说安南产红、黑两种珊瑚，在海里的时候直而软，到阳光下就变得弯曲而坚硬。爪哇、满剌加、天方国都出产珊瑚。而在三佛齐的海中深处，据说珊瑚初生时是白色的，渐渐长大变成黄色，用绳系着铁锚捞取，最初是柔软黏腻的，见风之后就变得又干又硬，变成红色的最为贵重。这都是西南海中所产的珊瑚。至于考查西洋各国的进贡物品，各国不临海，也进贡珊瑚，莫非珊瑚也能生于陆地吗？博学之士应该对这个问题进行考辨。珊瑚的根也长在大石头上，像石珊瑚的形状。康熙初年，广东一个知府得到了它，用它来占卜。珊瑚有根，人们争相传为奇谈，张汉逸对我详细讲述了这件事。红珊瑚做成的大珠子，日本人最是喜欢，不惜花几百贯钱买一粒。佩在身上，据说可以预测一个人的吉凶：如果富贵康宁，则珊瑚红光璀璨；倘这个人要死了，则珊瑚渐暗淡枯燥。所以，洋人非常珍视珊瑚。明清易代时，京师民间涌现不少断折珊瑚，长一尺或七八寸、五六寸。冬天，人们把它拢聚树立在炭炉里，装饰得像兽炭一样，周围遍布宝石，弄得像跳动的火焰，下面填上珠玉做成死灰的样子，俨然是毁掉美玉当柴烧，用真珊瑚模仿烧火做饭之后的样子。几年之后，天下大定，官民都爱惜宝贝，商人争着出售奇珍异宝。本朝制度：朝服披领之上必须挂念珠，除了琥珀的之外，以珊瑚的为贵。凡民间收藏的珊瑚，都琢磨成了珠子。社会上所崇尚的东西既然如此繁杂，而珊瑚又不可多得，于是就有伪造珊瑚的人了。这些人想出来的原材料简直匪夷所思，不是土也不是石头，不是兽角也不是牙料，也不是烧料，他所取的是废弃的碗的碎瓷。造假者遍捡粪土污泥之间的碎瓷碗，选择底足厚的，用水洗净，剖开，让玉工制成圆形，打磨精细，抛光使其表面润泽，然后打孔。加工完成后，将其投入茜草中久煮，取出后涂上血竭烤出皮壳。它那浅绛颜色跟真珊瑚并无二致，穿成念珠，又坚硬又沉重，又滑腻且华美，用金玉装饰，用丝锦装点，卖到大的集市，即便是精明的商人也难以分辨真伪。假珊瑚冒用真珊瑚之名，竟能跟珠玉争光。唉！不值钱的燕石被装在笥中，卞和为和氏璧这样的宝贝不被人认可而痛哭，真实和虚伪颠倒，难道唯独珊瑚的真假是这样吗？

所論如此又考四譯考安南產赤黑二種在海直而軟見日曲而堅爪哇滿剌加天方國皆產珊瑚而三佛齊海中深處云珊瑚初生白漸長變黃以繩縶鉄猶取之初得軟膩見風則乾硬變紅色者貴此皆西南海中所產至考西番貢獻諸國不近海亦貢珊瑚豈陸地亦生耶博雅君子當為考辨珊瑚之根亦生盤石上如石珊瑚狀康熙初廣東一守令得之以此兆釁珊瑚有根競傳為奇張漢逸述之甚詳赤珊瑚為大珠日本人最愛不惜數百緡易一粒佩之於身云可驗一身吉凶富貴康寧則珊瑚紅光璀璨倘其人不祿則珊瑚漸白暗而枯燥矣故番人珍之鼎革以後京師民間多得斷折珊瑚長尺或七八寸五六寸者冬月攢豎元爐以誇獸炭週布寶石以像活火下填珠玉以狀炮灰儼然毀玉作薪以真珊瑚而彷佛於炊爨之餘數年之後天下大定官民護惜環寶商賈爭售珍異　國制朝服披領之上必掛念珠珀香而外以珊瑚為貴凡民間蓄得珊瑚皆琢而成珠所尚既繁而珊瑚不可多得乃有造珊瑚者出其設想取材匪夷所思非土非石非角非牙亦非燒料蓋所取者廢棄碗磁造者遍揀糞壤泥淖之間擇其底足厚者以水淨之剖令玉工華而圓琢而細磨鑢滑澤然後孔之煑以茜草煨以血竭其淺絳之色正與珊瑚等穿為念珠亦堅亦重亦滑膩而華美飾以金玉綴以絲錦貨於大市雖良賈不能辨假珊瑚冒真珊瑚之名而竟得與珠玉爭光噫鶩石在笥則卞氏長號誠偽顛倒豈獨一珊瑚之真假為然哉

珊瑚樹贊

玳瑁硨磲亦產海島
何若珊瑚人間至寶

海中經云取珊瑚先作鐵網沉水底珊瑚從水底貫中而生歲高二三尺有枝無葉因絞網出之皆摧折
在網故難得完好者漢積翠池中有珊瑚高一丈二尺一本三柯云是南越王尉佗所獻夜有光景晉石
崇家有珊瑚高六七尺今並不聞有此高大者彙苑云珊瑚生大海有玉處其色紅潤可為珠間有孔者
出波斯國獅子國以鐵網沉水底經年乃取本草云生南海今廣州亦有又云珊瑚初生盤石上白如菌
一歲黄三歲赤以鐵網取失時不取則腐入藥去目中翳異物志云出波斯國為人間至貴之寶諸書之

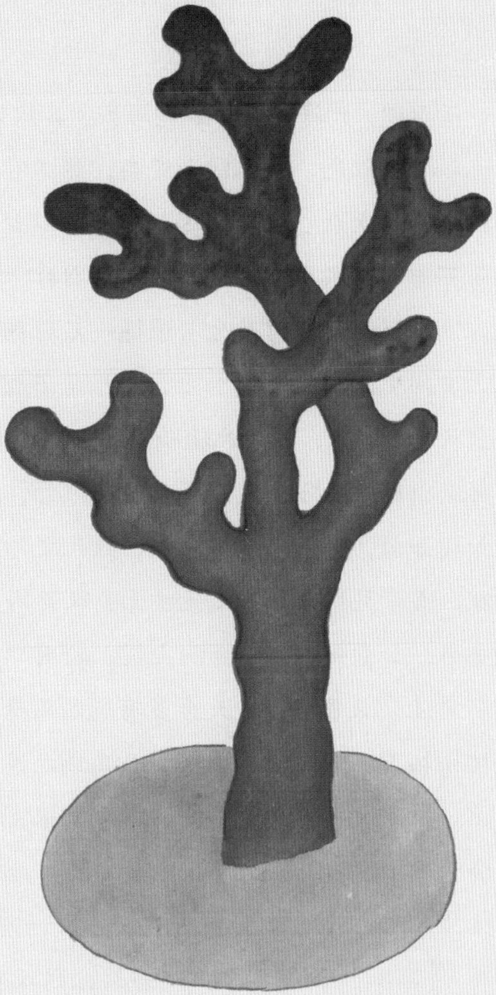

石珊瑚

石珊瑚赞：珊瑚石质，有孔不丹。稽之典籍，疑是琅玕。

石珊瑚，产海洋深水岩麓海底。其状如短拙枯干而有斑纹如松花。其色在水则红色，出水则渐变矣，然亦有五色，青、黄、红、赤、白各枝分派如点染[1]之者。福州省城每以盆水养此珍藏。其质在深水则软而可曲，出水见风则坚矣。其本则皆一石以为之根。今往往得者皆断，遂不解此物从何而生。予得一石珊瑚，有圆石为根，细视，此圆石上安得生此？及研穷[2]之，见根与石相连处有坚白如蛎灰者、曲折如虫状者数数[3]，因想此物必因海中鱼虫或食蛎屑而不化，仍为所遗，则得鱼虫腹中生气，大者或变而为鹅管、羊肚等石，小者则发生枝柯或如树如菌，得海中自得生气，故比之蛎灰而尤坚，俨同石质矣。此其理。吾尝见塔顶顽岩本无寸土，又无人植，常有大树生于其上。所目击者，如贵州道上飞云洞上树，轮囷[4]结樛[5]，皆郁葱于苍岩数十仞[6]之上。又雁宕[7]、天台多有巍然石峰之上盘结古干虬枝[8]。夫以人植松柏子于腴土不尽生植，而鸟鹊之遗乃能参天，必更得羽虫生气而然。今海底之石，予得一石珊瑚之根，而亦以是理推之，不觉恍然有会于中[9]。而或有起而议之者曰："此理未必尽然，未必尽不然。庄生[10]有言曰：'天地有大美而不言，万物有成理而不说。[11]'子何其凿[12]耶？"余应之曰："若然，则理可不穷，物可不格，古今记载诸类书可尽焚矣。"

按：石珊瑚，古无其名，惟《异鱼图》载：琅玕[13]，青色，生海中。云海人于海底以网挂得之，初出水红色，久而青黑。枝柯似珊瑚，而上有孔窍如虫。击之有金石之声，乃与珊瑚相类。今石珊瑚出水，果带红色，久而青黑，更久而枯则白矣；上果有窍眼；击之亦果有声；渔人果尝以网鱼之网牵挂得之。又闻澎湖将军岙[14]多有此石，舟泊此者，或没水抱之而起，大者高数尺。询其所得之人，云其石虽在海底，却向淡水而生。问何以海中有淡水？曰："淡水乃海山根下涌出之泉，此石滋之以生。故有生处，有不生处，海中不遍有也。"予谓取者但知此石得淡水而生，不知尤得地气而活，譬之胎在母腹，必得运动之气，始能潜滋暗长。今泉源之所出，即为地气之所冲，所以海中之石多有孔窍。巽[15]为风，风为木，而文章[16]见[17]焉。故羊肚、鹅管、菌芝、石珊瑚并有花纹，皆气为之也，亦皆风成之也。此其理。吾尝于河水生花讨论得之，而不谓海石亦如是也。琅玕，《本草》有图，仿佛似之，然《禹贡》"璆[18]琳琅玕"当又是一种。南宋时，临海贡琅玕石三，皆交柯，即此物也。见《台州府志》。

[1] 点染：国画工笔画中的一种染色技巧，指用接近写意的笔法，一笔蘸上深浅不同的色彩在画面上连点带染，取灵动之意。处理背景或小型花卉的时候经常用到此法。[2] 研穷：深入研究。[3]数数（shuò shuò）：屡次，常常。[4] 轮囷（qūn）：盘曲的样子。[5] 樛（jiū）：纠结。也指向下弯曲的树木。[6] 仞：古代计量高度或深度的单位，一仞为七尺或八尺。[7] 雁宕（dàng）：即雁荡山。[8] 古干虬枝：苍老的树干，盘曲的树枝。[9] 中：心。[10] 庄生：庄子。[11] 天地有大美而不言，万物有成理而不说：语出《庄子·知北游》，原文为："天地有大美而不言，四时有明法而不议，万物有成理而不说。"[12] 凿：穿凿附会。[13] 玕：音gān。[14] 岙：音ào。[15] 巽（xùn）：八卦之一，代表风。[16] 文章：错杂的色彩、花纹。[17] 见（xiàn）：同"现"，出现，显露。[18] 璆：音qiú。

| 译文 |

石珊瑚，产在海洋深水岩麓海底。它的形状像短而拙朴的枯树干而有松花一样的斑纹。它的颜色在水里是红的，出水就渐渐变了，然而也有五种颜色，

青、黄、红、赤、白各枝都像点染出来的。福州省城人家常用水池养这种珍稀之物。它的质地在深水中柔软而且可以弯曲，出水见风就坚硬了。它的主干都是用一块石头做根，现在捞获的往往都是断的，让人无法知道这东西是从哪里生长出来的。我曾得到一根石珊瑚，有圆石为根，细看，不明白这圆石上怎么能长这个呢？后来我深入研究，发现根与石相连处常常有坚硬洁白像蛎灰的东西和弯弯曲曲像虫子的东西，于是想到这东西一定是因为海中鱼虫偶尔食用蛎屑不消化被它排出，因得到了鱼虫腹中的生气，大的或者变成了鹅管、羊肚等石，小的则生长出枝柯，或者像树像菌，得海中自有的生气，所以比蛎灰更加坚硬，俨然跟石头的质地一样了。这就是它如此质地的缘由。我曾经见到塔顶的顽石上本来一点儿土也没有，又没有人种植，但常有大树长在它的上面。我亲眼看到的，例如贵州飞云洞上的树，盘曲纠结，都是郁郁葱葱地生长在高达几十仞的苍翠岩石上。又比如雁荡山、天台山，巍然的石峰上多盘结着古干虬枝。人们把松树、柏树的种子种植到肥沃的土中也不能都长大，而鸟雀排出来的种子却能够长成参天大树，一定是又得到了羽虫的生气才这样的。而今我得到了海底一枝石珊瑚的根，也用这个道理类推，不觉恍然间内心有所领会。或许有的人会站出来说：“这个道理未必都是这样，也未必不是这样。庄子曾经说过：‘天地有大美却不言语，万物有生成的条理却不说话。’你怎么这么穿凿附会呢？”我回答说：“要是这样的话，道理可以不去探究，物性可以不去研究，古今记载这些道理的众多类书都可以焚毁了。”

按：石珊瑚，古代没有它的名字，只有《异鱼图》里记载：琅玕，青色，生在海中。据说石珊瑚是生活在海边的人从海底用网挂上来的，出水时是红色的，时间长了就变成青黑色。枝杈像珊瑚，而上面有像虫洞一样的孔。敲击它有金石之声，跟珊瑚相似。现在石珊瑚出水，果然带有红色，久而青黑，更久则颜色枯槁，成为白色；上面果然有孔洞；敲击它也果然有声音；渔民果然曾经用捕鱼的网牵挂获得。又听说澎湖的将军岙有很多这种石珊瑚，船停泊到这里，有的人潜入水中抱上来，大的高达数尺。向采到它的人询问，那人说这种石头虽然在海底，却朝向淡水而生。问他海中怎么会有淡水？他说："淡水是海底的山根下涌出的泉水，这石头受它的滋养而生长。所以海底有些地方长有这种石头，有些地方不长这种石头，不是到处都有。"我认为获此石头的人只知道这石头得在淡水中才生长，不知道它更是得地气才活的，譬如胎儿在母亲肚子里，一定是得到了运动之气，才能逐渐生长。现在泉源所出的地方就是地气的要冲，所以海中的石头多有孔洞。巽为风，风为木，于是花纹就显现出来了。所以羊肚、鹅管、菌芝、石珊瑚都有花纹，都是地气形成的，也都是风吹成的，这是它形成的规律。我曾经在关于河水生花的问题里讨论并得出这个结论，没想到海石也是如此。琅玕，《本草》里有图，跟实物比较像，然而《禹贡》里说的"璆琳琅玕"，应该是另外一种。南宋时，临海进贡三块琅玕石，都是枝杈交错，就是这种东西。见《台州府志》。

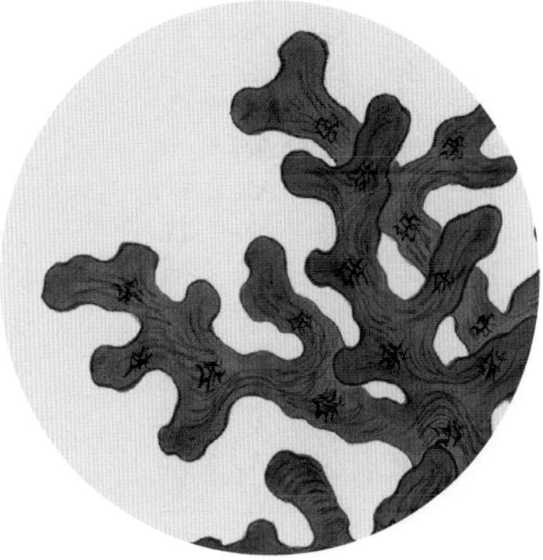

魚虫或食螺屑而不化仍為所遺則得魚虫腹中生氣大者或变而為鵝管羊肚等石小者則發生枝柯或如
樹如菌得海中自得生氣故化之螺灰而尤堅儼同石質矣此其理吾嘗見塔頂頑岩本無寸土又無人植常
有大樹生於其上所目擊者如貴州道上飛雲洞上樹輪囷結轇皆欝葱於蒼岩数十仞之上又鴈宕天台多
有巍然石峯之上盤結古幹虬枝夫以人植松柏子於腴土不盡生植而鳥鵲之遺乃能参天必更得羽虫生
氣而然今海底之石子得一石珊瑚之根而亦以是理推之不覺恍然有會於中而或有起而議之者曰此理
未必盡然未必盡不然莊生有言曰天地有大美而不言萬物有成理而不說予何其鑿耶余應之曰若然則
理可不窮物可不格古今記載諸類書可盡焚矣

按石珊瑚古無其名惟異魚圖載琅玕青色生海中云海人於海底以網挂得之初出水紅色久而青黑枝柯
似珊瑚而上有孔竅如虫蝕之有金石之聲乃與珊瑚相類今石珊瑚出水果帯紅色久而青黑更久而枯則
白矣上果有竅眼蝕之亦果有聲漁人果嘗以網魚之網牽挂得之又聞澎湖将軍澳多有此石舟泊此者或
淡水抱之而起大者高数尺詢其所得之人云其石雖在海底却向淡水而生問何以海中有淡水曰淡水乃
海山根下湧出之泉此石滋之以生故有生處有不生處海中不徧有也予謂取者但知此石得淡水而生不
知尤得地氣而活譬之胎在母腹必得運動之氣始能潜滋暗長今泉源之所出即為地氣之所冲所以海中
之石多有孔竅巽為風風為木而文章見焉故羊肚鵞管菌芝石珊瑚並有花紋皆氣為之也亦皆風成之也
此其理吾嘗於河水生花討論得之而不謂海石亦如是也琅玕本草有圖彷彿似之然禹貢璆琳琅玕當又
是一種南宋時臨海貢琅玕石三皆交柯即此物也見台州府志

石珊瑚贊

珊瑚石質
有孔不丹
稽之典籍
疑是琅玕

石珊瑚產海洋深水岩麓海底其狀如短拙枯幹而有斑紋如松花其色在水則紅色出水則漸變矣然亦有五色青黃紅赤白各枝分派如點染之者福州省城每以盆水養此珍藏其質在深水則軟而可曲出水見風則堅矣其本則皆一石以為之根今往往得者皆斷遂不解此物從何而生予得一石珊瑚有圓石為根細視此圓石上安得生此及研窮之見根與石相連處有堅白如蠣灰者曲折如蚯狀者數數因想此物必因海中

海芝石其形片片如菌如蕈俱有細紋灰白色上面促花而下作長紋如菌片式多生澎湖海底與鵝管羊肚松紋石珊瑚互為根蒂而所發各異漳泉海濱比屋園林中堆砌如山不以為奇觸目皆是故不重也予想海石必有一種藥性惜未究出精於岐黃者當為一辨

海芝石贊

人間瑞草　海底亦生
供之清案　比於瑰珩

海芝石

海芝石赞：人间瑞草，海底亦生。供之清案，比于璁珩。

海芝石，其形片片，如菌[1]如蕈[2]，俱有细纹，灰白色，上面促花而下作长纹如菌片式。多生澎湖海底，与鹅管、羊肚、松纹、石珊瑚互为根蒂，而所发各异。漳泉海滨比屋[3]园林中堆砌如山，不以为奇，触目皆是，故不重也。予想海石必有一种药性，惜未究出，精于岐黄[4]者当为一辨。

[1] 菌（jùn）：蘑菇。[2] 蕈（xùn）：菌的一类。[3] 比屋：家家户户。常用以形容众多、普遍。[4] 岐黄：据说黄帝和他的臣子岐伯都精通医术，黄帝常与岐伯讨论医学，并以问答形式写成《黄帝内经》。后人常用“岐黄之术”代指医术。

｜译文｜

海芝石，它的形状是一片一片的，像蘑菇，每一片都有细纹，呈灰白色，上面有聚成花的形状，下面和蘑菇一样有长条纹。海芝石多生在澎湖海底，与鹅管、羊肚、松纹、石珊瑚互为根蒂，而所生发出来的东西各不相同。在漳州、泉州的海滨家家户户庭院里的海芝石堆砌得像山一样，不足为奇，目光所及到处都是，所以不受重视。我想，海石一定有一种药性，可惜未能探究出来，精于医术者应当辨析一下这个问题。

荔枝盘石

荔枝盘石赞：磈磈礧礧，石如荔枝。鱼畜其中，居然天池。

广东海中有一种石，若盘，质如荔枝之壳，绉而或红或紫，名曰“荔枝盘”，以之养鱼甚佳。屈翁山《新语》亦载。

| 译文 |

广东海域有一种石头，形状像盘子，质地像荔枝的壳，表面有褶皱，颜色或红或紫，名叫“荔枝盘”，用它来养鱼非常好。屈大均的《广东新语》里也有记载。

廣東海中有一種石若盤質如荔枝之㲉綢而或紅或紫名曰荔枝盤以之養魚甚佳屈翁山新語亦載

荔枝盤石贊

磈磈礧礧石如荔枝
魚畜其中居然天池

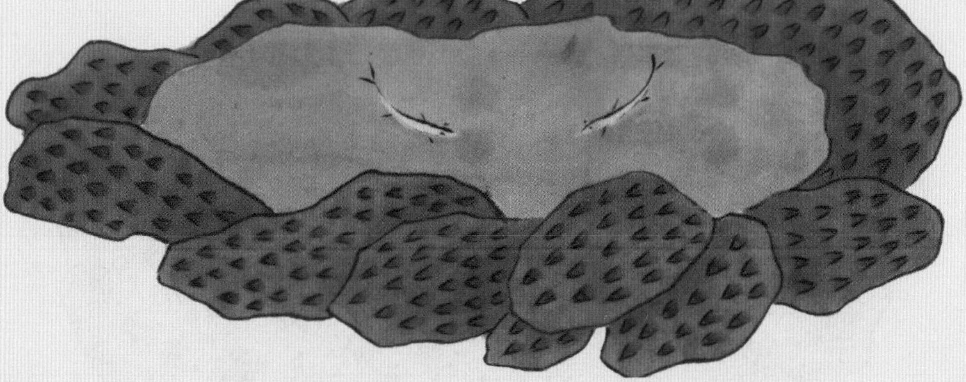

松花石亦係蠣質所化石作細紋周體有竅如松紋養之於水與羊肚石並能從孔中收水直上故其石植小樹常不枯也此石海人亦名羊肚石

松花石賛

石上攢松竅竅相同

浸之於水其脉皆通

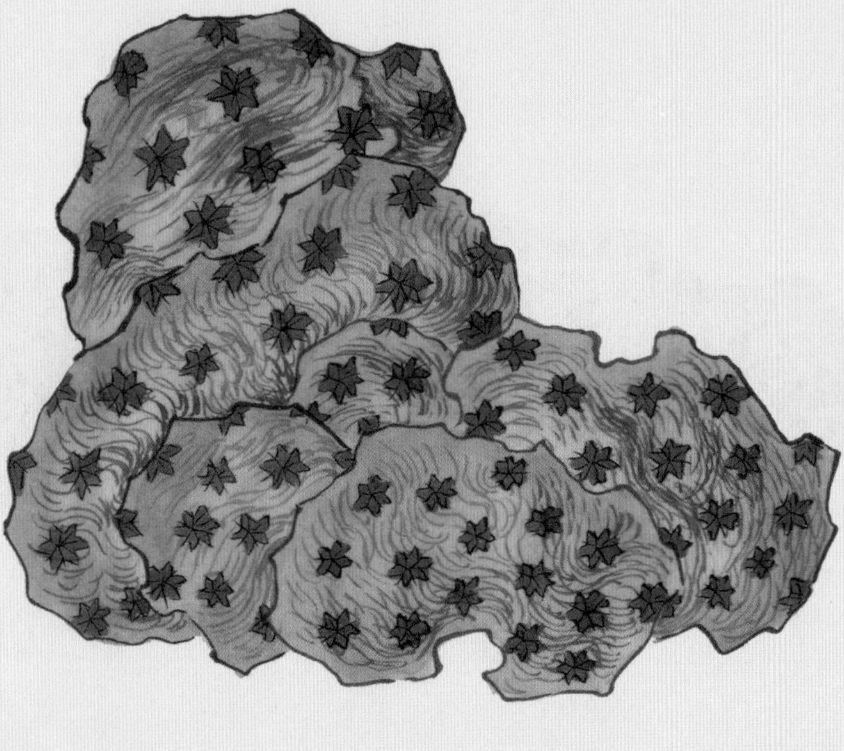

松花石

松花石赞：石上攒松，窍窍相同。浸之于水，其脉皆通。

松花石，亦系蛎质所化。石作细纹，周体有窍如松纹，养之于水，与羊肚石并能从孔中收水直上[1]，故其石植小树常不枯也。此石海人亦名“羊肚石”。

[1] 书中所说的当属虹吸现象。我国早在宋代就有记载。

| 译文 |

松花石，也是蛎质所变。石头表面有细纹，周身有像松树纹一样的孔洞，养在水里，与羊肚石一样都能从孔中吸水直上，所以用这种石头种植小树常常不枯。这种石头，生活在海边的人也称之为“羊肚石”。

鹅管石

鹅管石赞：本是腐蛎，忽得生气。纹成鹅管，活泼泼地。

鹅管石，其孔细密如鹅管，总皆朽蛎年久则化为石，石上水皮积久则空洞成文。

张汉逸曰：蛎黄初生是咸水沫，受阳气而坚，凝作白痕，渐大则巉然[1]，一洼一平如函盖而中生肉，吸肥水则壳随肉长。水寒处仅如指端，其肉不论大小、生熟皆可啖。他处皆听其自生于山岩石壁，独福宁州竹江等处数村，岁伐小竹数十载[2]，先扦[3]浅水海涂，视受潮生种，复移扦深肥水中。至冬肉肥，圆如雄鸡肾而甘美胜之，省会[4]多取给焉。冬月连房售之，于兽炭烈焰中烧食以存真味，勿犯水为尤佳。产处种壳如山，用烧灰涂壁、粘船、和槟榔[5]，俱胜他壳灰。州中自春徂[6]秋，四季皆鬻于市，而冬春尤盛。

愚按："蚌"之从"丰"，有光华丰采也。"蛤"之从"合"，两叶夹而合之也。"螺"之从"累"，盘旋而层累也。"蛎"之从"厉"，岂徒然哉？厉，恶名也，故谥法及虐政皆曰"厉"[7]，至于风疾[8]、癞疾亦皆曰"厉"。推原[9]其名，知蛎种受生颇似岩石、竹木染风湿而生疥癞者然，故其房亦如疮痂。味虽美，多食未有不发风动气者。浙东而闽而广，风土卑湿[10]，愈南愈多，广东更有蚝山，东北海则风高气寒，则渐少而渐无矣。人之受疾亦视此，故闽广多麻风，而广东为尤盛。

又按：蛎种附石而生，如蚁卵。风之所摧，水之所荡，不为零落，其性之坚而善粘有自来矣。故石灰而外，独取蛎房烧之为灰，以治城垣、艨艟[11]。石可碎，而其灰千年不坏；木可朽，而其灰一片牵联。

其性之坚何如哉！且凡物烧毁，多不存性，故药物中凡经火者，必曰“烧灰存性”。蛎经大窑炼过，其性似难存矣，而坚质终不损。其体几等铅汞金银，故能塞精，尤重牡蛎老当益壮也。夫浙东、闽广边海之区，蛎灰之利民用，若城若垣、若塔若庙、若厅宇、若房舍等，若桥梁，若陇墓，所在皆是。而小则樵舟渔艇，大则货舶战艟，悉需以成。蛎之所用，可谓广矣。然此特人工之可见也。予客闽以来，更得蛎质、蛎性幻化海中纹石之奇，苟不研求，意想妄及，推论不到天壤间至理之妙乃至如此。此予每得一海中纹石，比之米芾[12]而尤癫也。

[1] 巉（chán）然：山峰高峭陡削的样子。[2] 数十载（zài）：数十年。[3] 扦（qiān）：插。[4] 省（xǐng）会：会晤，相见。[5] 和槟榔：嚼槟榔时需要加石灰。[6] 徂（cú）：到。[7] 在古代谥号中，“厉”是个恶谥，据《逸周书·谥法解》和《史记正义》记载：“杀戮无辜曰厉。”[8] 风疾：即下文提及的“麻风”，是由麻风杆菌引起的一种慢性传染病。《海错图》原文误作“疯疾”“麻疯”。[9] 推原：从本原上进行推究。[10] 卑湿：地势低下且气候潮湿。[11] 艨艟（méng chōng）：中国古代具有良好防护条件的进攻性快艇。又作“艨冲”“蒙冲”。[12] 米芾（fú）（1051—1107）：字元章，北宋书法家、画家、书画理论家，与蔡襄、苏轼、黄庭坚合称“宋四家”。米芾个性怪异，举止癫狂，遇石称“兄”，膜拜不已，因而人称“米癫”（多作“米颠”，“颠”同“癫”）。

| 译文 |

鹅管石，它的孔细密得像鹅毛管，都是朽坏的牡蛎，年久就变成石头，石上水皮积久了，就会形成空洞状的花纹。

张汉逸说：蛎黄初生的时候是咸水沫，受阳气而变得坚硬，凝成白色痕迹，渐大就长得峭拔，一洼一平像盒子盖而中间长肉，吸收有养分的水则壳随肉长。在水寒的地方蛎黄的大小仅像手指尖那么大。它的肉不论大小、生熟都能吃。别的地方都听任它生长在海边山岩石壁上，只有福宁州竹江等处几个村子，每年砍伐几十车小竹子，先插入浅水海滩，等它接受潮水冲刷而接种

又按蠣種附石而生如蟻卵風之所摧水之所蕩不為零落其性之堅而善粘有自來矣故石灰而外獨取蠣房燒之為灰以治城垣艨艟石可碎而其灰千年不壞木可朽而其灰一片牽聯其性之堅何如哉且凡物燒燬多不存性故藥物中凡經火者必曰燒灰存性蠣經大窯煉過其性似難存矣而堅質終不損其體幾等鉛汞金銀故能塞精尤重牡蠣老當益壯也夫浙東閩廣邊海之區蠣灰之利民用若城若垣若塔若廟若廳宇若房舍等若橋梁若隴墓所在皆是而小則樵舟漁艇大則貨舶戰艟悉需以成蠣之所用可謂廣矣然此特人工之可見也予客閩以來更得蠣質蠣性幻化海中紋石之奇苟不研求意想妄及推論不到天壤間至理之妙乃至如此此予每得一海中紋石必之米芾而尤癲也

羊肚石如蜂窠狀孔竅相連花紋絕如羊肚故名大者高二三尺不等更多生成人物鳥獸之形

羊肚石贊

初平一叱石可成羊
肉為仙食肚遺道傍

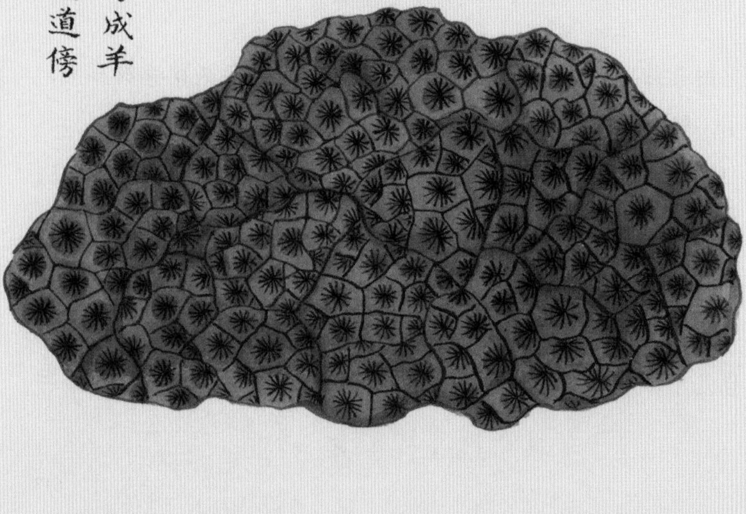

張漢逸曰蠣黄初生是鹹水沫受陽氣而堅凝作白痕漸大則嶢然一窪一干如函蓋而中生肉吸肥水則殼隨肉長水寒處僅如指端其肉不論大小生熟皆可啖他處皆聽其自生于山岩石壁獨福寧州竹江等處數村歲伐小竹數十萬先扦淺水海塗視受潮生種復移扦深肥水中至冬肉肥圓如雄雞腎而甘美勝之省會多取給焉冬月連房售之于獸炭烈焰中燒食以存真味多犯水為尤佳產處種殼如山用燒灰塗壁粘船和灰栫俱勝他殼灰州中自春徂秋四季皆鬻于市而冬春尤盛

愚按蚌之從丰有光華丰采也蛤之從合兩葉夾而合之也螺之從累盤旋而層累也蠣之從厲豈徒然哉厲惡名也故謚法及虐政皆曰厲至于瘋疾癩疾亦皆曰厲推原其名知蠣種受生頗似岩石竹木染風濕而生疥癩者然故其房亦如瘡痂味雖美多食未有不發風動氣者浙東而閩而廣風土卑濕愈南愈多廣東更有蠔山東北海則風高氣寒則漸少而漸無矣人之受疾亦視此故閩廣多麻瘋而廣東為尤盛

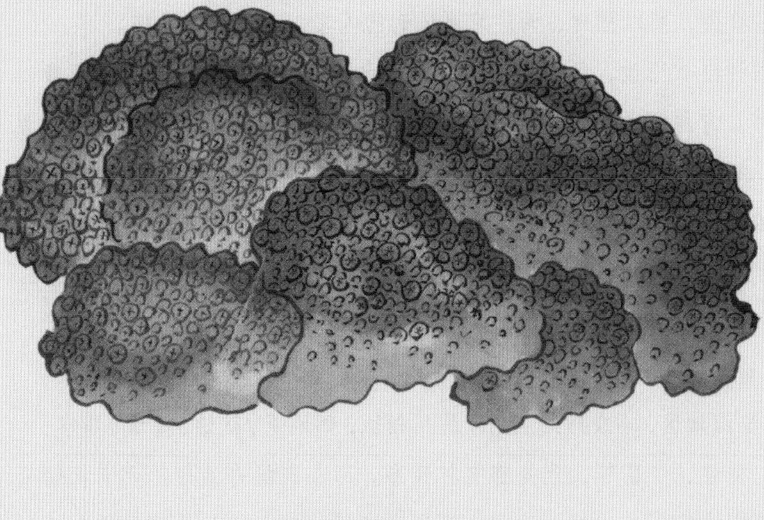

鵞管石其孔細密如鵞管總皆朽蠣年久則化為石石上水皮積久則空洞成文

鵞管石贊

本是腐蠣忽湧生氣
紋成鵞管活潑潑地

上蛎黄的种子，再移到养分充足的深水中照管。到了冬天，蛎黄就会变得肉质肥美，圆得像公鸡的肾而甘美程度远胜过它。朋友会面的时候多拿来作为礼物赠送。冬天的时候连壳一起出售，直接在炭火中烤着吃，以保留它自身的味道，不沾水更好。出产蛎黄的地方蛎黄壳堆积如山，把它烧成灰涂墙、粘船、混合着嚼槟榔，都胜过其他贝壳烧成的灰。从春到秋，福宁州的市场一年四季都有蛎黄出售，而冬天和春天尤其多。

愚按：“蚌”字之所以从“丰”，是有光华丰采的意思。“蛤”字之所以从“合”，是因为它两叶夹合的意思。“螺”字之所以从“累”，是盘旋而层累的意思。“蛎”字从“厉”，难道能白白叫这个名字吗？厉，是恶名，所以谥法里涉及虐政的都叫“厉”，至于风疾、癞疾也都叫“厉”。从本原上推究它的名字可以知道，蛎种萌发的过程很像岩石、竹木染风湿而生疥癞的样子，所以它的蚌壳也像疮痂。它的味道虽然美，但多吃没有不发风动气的。从浙东到福建再到两广，环境低湿，越往南产蛎越多，广东更是有蚝山，东北地区的大海则风高气寒，所产蛎黄越来越少直至渐渐没有。人患病的情况也应该这么看待，所以福建、两广患麻风病的人多，且广东尤其多。

又按：蛎种附石而生，像蚂蚁的卵。风摧水荡而不零落，性质坚硬而善于黏合是有其自身原因的。所以在石灰之外，人们单单取蛎壳烧成灰，来修城垣、战舰。石头可能碎裂，但这种灰千年不坏；木头可能朽坏，但这种灰黏合的地方依然紧密。它的性质是何等坚固啊！而且凡是物体被烧毁，特性多不存留，所以药物中凡经火的，一定要说“烧灰存性”。蛎经大窑烧炼过，它的属性似乎难以保存了，但坚固的特性终究不会丧失，它的身体几乎等同于铅汞金银，因此能固精，世人尤其重视牡蛎，认为它可以令人老当益壮。浙东、福建、两广的临海地区，蛎灰广泛应用于民用领域，如城池、院墙、高塔、庙宇、厅堂、房舍、桥梁、坟墓等，到处都有其身影。而小则樵舟渔艇，大则货船战船，都需要它才能制成。蛎的用处，可谓很广了。然而这只是可见的人工作品。我客居福建以来，更发现了蛎质、蛎性幻化的海中纹石的神奇之处，假如不深入研究探求，随意妄想，就推论不出天地间的至理竟然能够如此精妙。这就是我每得到一块海里的带纹理的石头，比米芾还要癫狂的原因。

羊肚石

羊肚石赞：初平一叱，石可成羊。肉为仙食，肚遗道傍。

羊肚石，如蜂窠状，孔窍相连，花纹绝如羊肚，故名。大者高二三尺不等，更多生成人物、鸟兽之形。

| **译文** |

羊肚石，像蜂窝的样子，孔洞相连，花纹特别像羊的胃，所以叫这个名。大的高二三尺不等，更多的是生成人物、鸟兽的形状。

石蛎、蛎肉

石蛎赞：水沫凝石，无中生有。惟蛎最多，坚而且久。

蛎肉赞：闽粤蛎肉，秦楚罕睹。赛西施舌，类杨妃乳。

蛎生于石，层累而上，常高至二三丈，粤中呼为“蚝山”。蛎蛤者，附蛎而生之蛤也，形如蚌而小，黑色。其肉与味并同淡菜，且亦有毛一小宗[1]，与他蛤迥异。其尾紧粘蛎上为奇，又不似淡菜以毛系者也。

[1] 一小宗：一小撮。

| **译文** |

蛎生长在石头上，层累而上，常高至两三丈，广东地区管它叫“蚝山”。蛎蛤，是附着牡蛎而生的蛤，形状像蚌但比蚌小，呈黑色。它的肉与味道都跟淡菜一样，而且也有一小撮毛，与别的蛤完全不同。奇特的是它的尾部紧粘在蛎上，但又不像淡菜那样用毛连在一起。

蠣生於石層累而上常高至二三丈粵中呼為蠔山蠣蛤者附蠣而生之蛤也形如蚌而小黑色其肉與味並同淡菜且亦有毛一小宗與他蛤迥異其尾繫粘蠣上為奇又不似淡菜以毛繫者也

石蠣贊

水沫凝石
無中生有
惟蠣最多
堅而且久

蠣肉贊

閩粵蠣肉
秦楚罕覯
賽西施舌
類楊妃乳

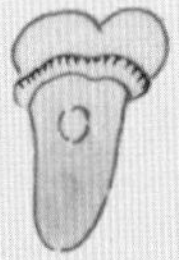

蠣肉

蠣蛤

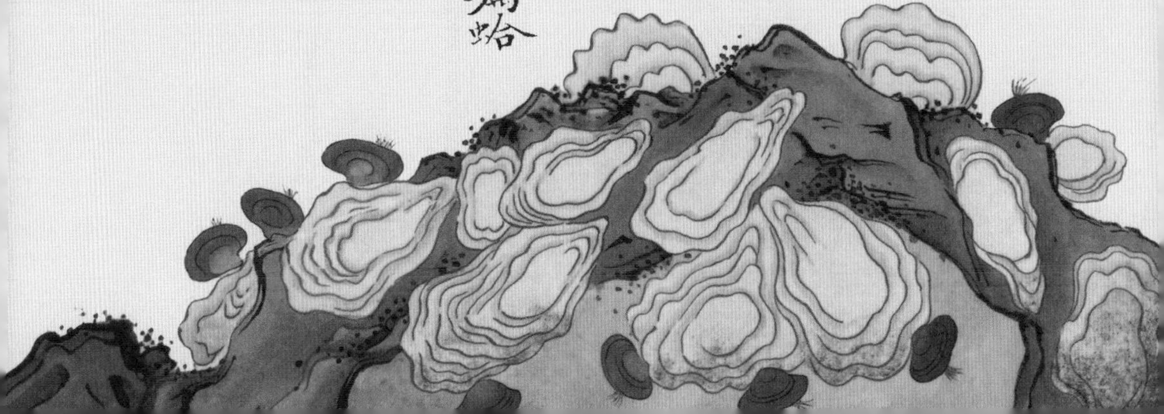

連江陳龍淮謂蠣附竹而生者鋩如匕首難把取者以鐵鈎拔之其入土之竹方可手握隨以刃擊落其房置蠣籠中木搽去鋩方可手剖

按此殼鋒利如此故大魚畏蠣倍加威武

竹蠣賛

山海之利
惠而不費
千畝淇園
其蠣百億

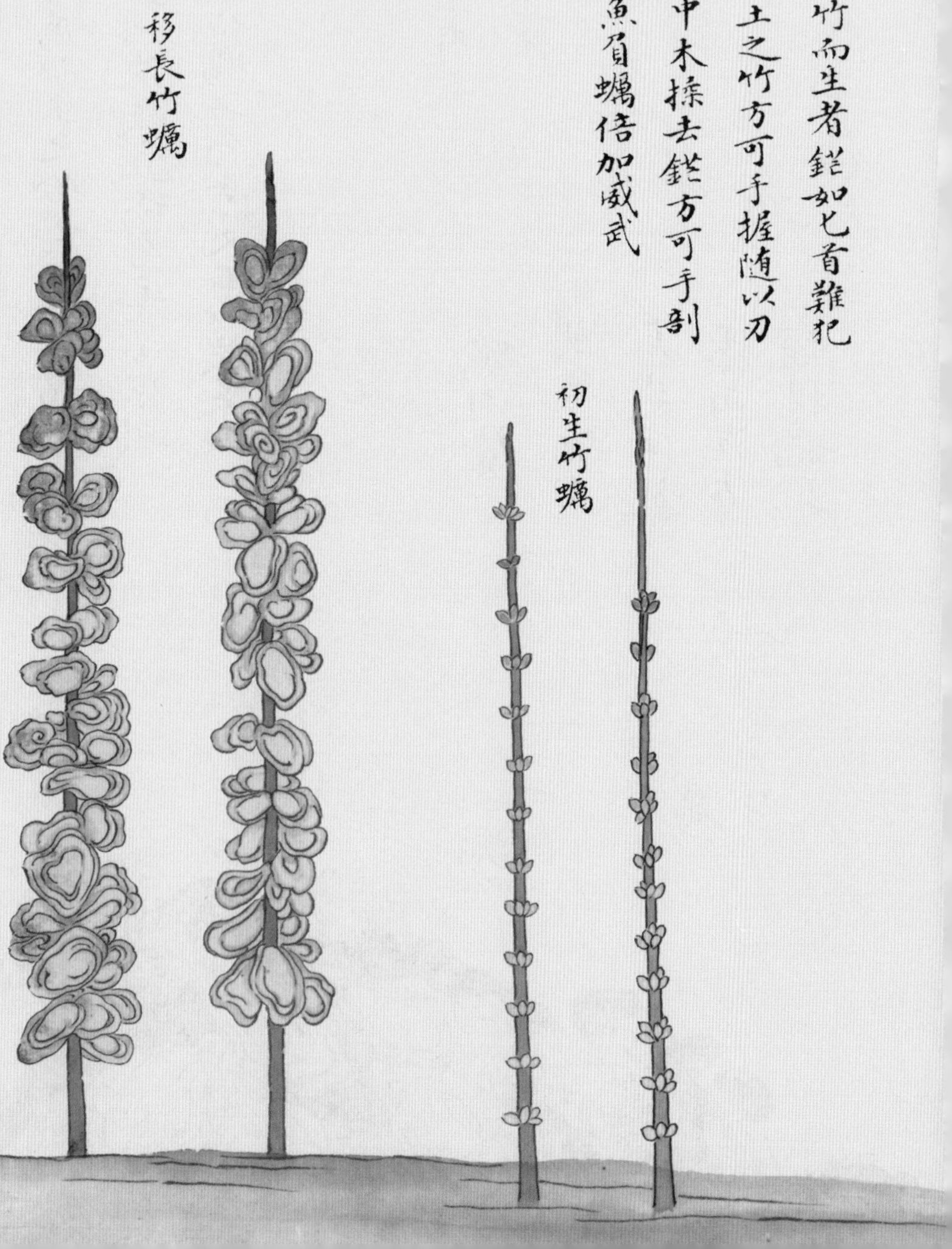

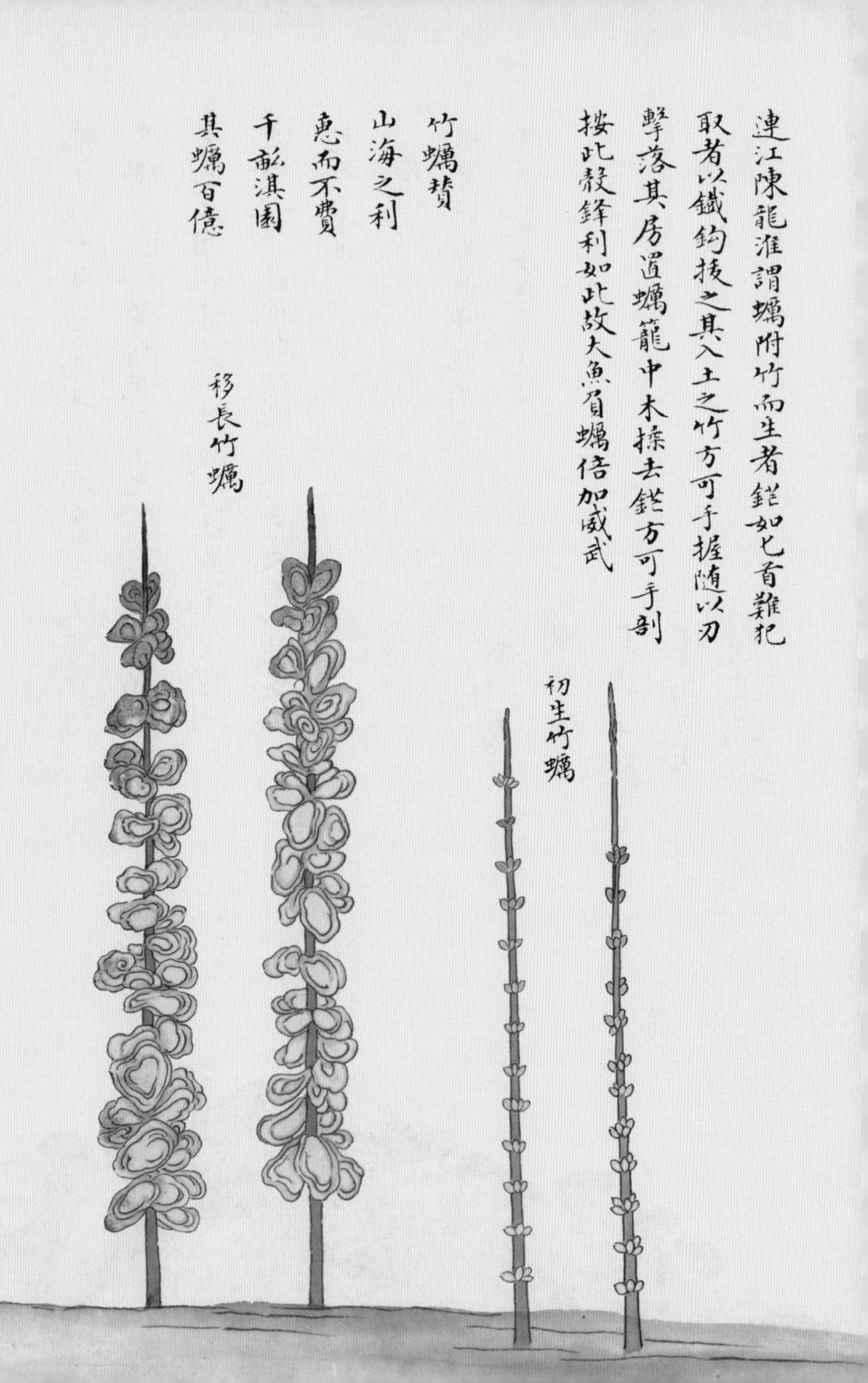

竹　蛎

竹蛎赞：山海之利，惠而不费。千亩淇园，其蛎百亿。

连江陈龙淮谓：蛎附竹而生者，铓[1]如匕首，难犯。取者以铁钩拔之，其入土之竹方可手握，随以刃击落其房，置蛎笼中，木揉去铓，方可手剖。按：此壳锋利如此，故大鱼负蛎，倍加威武。

[1] 铓（máng）：刀剑等的尖端，锋刃。这里指蛎壳的锋利部分。

｜译文｜

连江陈龙淮说：附竹而生的蛎，外壳锋利的部分像匕首，让人不敢触碰。捕取者用铁钩拔掉它，那入土的竹子才能用手握住，随即用刀刃击落它的壳，放在蛎笼里，用木头磨去它的锋利部分，才能用手剖开。按：这种壳如此锋利，所以大鱼背上若附着这种蛎，倍加威武。

撮 嘴

撮嘴赞（一名石乳）：有物似嘴，无分此彼。到处便亲，业根是水。

撮嘴，非螺非蛤而有壳，水花凝结而成。外壳如花瓣，中又生壳如蚌，上尖而下圆。采者敲落环壳而取其内肉，烹煮腌醉皆宜。此物凡海滨岩石竹木之上皆生，鳝身、龟背、螺壳、蚌房无所不寄，与牡蛎相类，故其壳亦可烧灰。

张汉逸曰："撮嘴初生，水花凝结如井栏，而壳中通[1]如莲花茎。栏内又生两片小壳，上尖下圆，肉上有细爪数十，开壳伸爪可收潮内细虫以食。"

[1] 中通：是说莲花的茎里面有贯通的小孔透气，语出宋代周敦颐《爱莲说》"中通外直，不蔓不枝"。

| 译文 |

撮嘴，不是螺不是蛤却有壳，是水花凝结而成的。它的外壳像花瓣，中间又生有像蚌一样的壳，上尖而下圆。采收者敲落环壳再取它里面的肉，烹煮、腌醉都美味十足。凡是海滨的岩石竹木上面都生有这种东西，鳝身、龟背、螺壳、蚌房无不寄生，跟牡蛎相似，所以它的壳也可以烧灰。

张汉逸说："撮嘴初生的时候，水花凝结像井栏，壳内有像莲花的茎一样贯通的小孔。栏内又生两片小壳，上尖下圆，肉上有几十个细爪，张壳伸爪可抓取潮水里的小虫子来吃。"

撮嘴贊 一名石乳

有物似嘴　無分此彼

到處便親　業根是水

張漢逸曰撮嘴初生水花凝結如井欄而殼中通如蓮花茎欄內又生兩片小殼上尖下圓內上有細爪數十開殼伸爪可收潮內細虫以食

撮嘴非螺非蛤而有殼水花凝結而成外殼如花瓣中又生殼如蚌上尖而下圓採者敲落環殼而取其內肉烹煮醃醉皆宜其物凡海濱岩石竹木之上皆生鱠身龜背螺殼蚌房無所不寄與牡蠣相類故其殼亦可燒灰

竹乳亦同石乳但石乳生石上竹乳生於
竹上陳龍淮圖本有竹乳

竹乳賛

撮嘴别號是名曰乳
附生於竹高下楚々

竹乳

竹　乳

竹乳赞：撮嘴别号，是名曰乳。附生于竹，高下楚楚。

竹乳亦同石乳，但石乳生石上，竹乳生于竹上。陈龙淮图本有“竹乳”。

| 译文 |

竹乳也跟石乳一样，但石乳长在石头上，竹乳长在竹子上。陈龙淮的图本里有“竹乳”。

字為土音所訛字彙鼇龜臨海水
吐氣形薄頭喙似鷂指爪今其龜
狀又未然不敢遽為定名但考類
書龜百歲一尾千年之龜十尾皆
卵生今是龜蓋三百歲物也其足
之八數雖不可考然暹羅海產亦
往往有六足龜是又一種龜此八
足特老而增益之者耳凡龜殼上
下皆從腰間接連今此龜獨不連
或生足以後破裂脫離亦未可知
龜板脊上五葉為金木水火土兩
旁各四葉為八卦邊上二十四小
葉為二十四氣世之卜家盡家皆
能道不知合腹下十葉共五十九
葉脊上頸邊更有一小葉合之得
六十數此造物產靈龜數配甲子
一週之妙說文博志論未及此特
為研出以俟識者

康熙甲子四月初十温州灰窑漁户駕船出洋捕魚舉網得一巨龜如箕長四尺濶三尺許八足三尾背上蠔蠣撮嘴纍纍而緑毛四垂腹下微紅色頭短而不長眼赤如火漁人以鐵環貫其殼繫之以繩令數十人且抬且拽而尾後又以巨木推送之始得入城送各衙門玩閱時温處道諸諱定遠令五人立其背其龜負之而行甚穩兵民聚觀者以萬計當事以此龜神物也仍命送歸海吳天麟設絳幃中與予圖述於甲戌之秋及戊寅之春滕際昌復為予述曰此龜多産太平玉環山海中小者人多取而食之此龜則最大者也聞能登陸食鳥獸土人名為汪龜未識有其名否且不知何以有三尾而八足也予曰諸書無汪龜之名或係巻

三尾八足神龜贊

錫我十朋何如八足
以尾數壽三百可卜

三尾八足神龟

三尾八足神龟赞：锡我十朋，何如八足？以尾数寿，三百可卜。

康熙甲子[1]四月初十，温州灰窑渔户驾船出洋捕鱼，举网得一巨龟如箕，长四尺，阔三尺许，八足三尾，背上蠔[2]蛎、撮嘴累累而绿毛四垂，腹下微红色，头短而不长，眼赤如火。渔人以铁环贯其壳，系之以绳，令数十人且抬且拽，而尾后又以巨木推送之，始得入城。送各衙门玩阅时，温处道[3]诸讳定远[4]令五人立其背，其龟负之而行甚稳。兵民聚观者以万计。当事[5]以此龟神物也，仍命送归海。吴天麟设绛[6]闽中，与予图述于甲戌[7]之秋。及戊寅[8]之春，滕际昌复为予述，曰此龟多产太平玉环山海中，小者人多取而食之。此龟则最大者也，闻能登陆食鸟兽。土人名为“汪龟”，未识有其名否，且不知何以有三尾而八足也。予曰：诸书无“汪龟”之名，或系“鼋”字，为土音所讹。《字汇》：鼋龟，临海水吐气，形薄，头啄似鹅，指爪。今其龟状又未然，不敢遽为定名。但考类书，龟百岁一尾，千年之龟十尾，皆卵生，今是龟盖三百岁物也。其足之八数虽不可考，然暹罗[9]海产亦往往有六足龟，是又一种龟；此八足特老而增益之者耳。凡龟壳上下皆从腰间接连，今此龟独不连，或生足以后破裂脱离亦未可知。龟板脊上五叶为金、木、水、火、土，两旁各四叶为八卦，边上二十四小叶为二十四气，世之卜家、画家皆能道。不知合腹下十叶共五十九叶，脊上颈边更有一小叶，合之得六十数[10]。此造物产灵龟，数配甲子一周之妙。《说文》《博志》论未及此，特为研出，以俟识者。

[1] 康熙甲子：康熙二十三年，公元1684年。[2] 蠔：同“蚝”。《海错图》误作“嚎”，据文意改。[3] 温处道：清代浙江省行政区划之一。康熙九年（1670年），设杭嘉湖、宁绍台、金衢严、温处四道于浙江省内，介于省与州县之间。[4] 诸讳定远：诸定远，字西侯，号白洲。康熙三年（1664年）中甲辰科进士。选翰林院庶吉士，散馆改主事。官至浙江温处道。古时写到别人姓名时，常在名前加“讳”字以示尊重。[5] 当事：指当局或当事人。[6] 设绛：汉朝马融讲学时设置绛纱帐。后人用“设绛帐”“设绛”“设帐”等表示开馆授徒。[7] 甲戌：指康熙三十三年，即公元1694年。[8] 戊寅：指康熙三十七年，即公元1698年。[9] 暹罗：我国对泰国的古称。[10] 文中之数加起来是四十八，而非六十，或是《海错图》作者计算错误，或是有所遗漏。

| 译文 |

康熙二十三年四月初十，温州灰窑渔户驾船出洋捕鱼，撒网捕得一只像簸箕一样大的巨龟，长四尺，宽三尺左右，有八只脚和三条尾巴，背上蚝蛎、撮嘴很多，绿毛四垂，腹下微红色，头短而不长，眼睛红得像火。渔夫用铁环穿过它的壳，用绳子系上，几十人又抬又拽，在尾巴后面又用大木头推送，才得以入城。送到各衙门玩阅时，温处道的长官诸定远让五个人站在它的背上，这只龟背着这几个人走得非常平稳。聚集观看的士兵和百姓数以万计。当政者认为这只龟是神物，命渔夫将其送归大海。吴天麟曾来福建教书，在甲戌年秋天给我画图描述了此龟。等到了戊寅年春天，滕际昌又为我描述了一次，说这种龟多产在太平玉环山海中，小的龟人们多捕来食用。这只是最大的，听说它能登陆吃鸟兽。当地人管它叫“汪龟”，不知道有没有这个名字，而且不知道为什么有三条尾巴和八只脚。我认为：各种书里都没有“汪龟”的名字，或者是“鼋”字，被方言所讹传。《字汇》里说：鼋龟，在海边吐气，体形单薄，头和嘴像鹅，但指头没有蹼而是像爪子一样分开的。现在这只龟的样子又与书中的描述不符，我没敢立刻给它确定名字。但查证类书，龟一百岁长一条尾巴，一千岁的龟长十条尾巴，都是卵生，现在这只龟应该是三百岁的动物了。它有八只脚这种情况虽然不可考，但暹罗海还常能见到一种六足龟，这只八足龟或许是六足龟老了新长出来两只脚而已。所有龟壳上下都从腰间接连，现在单单这只龟的壳不连接，或者是生出脚来以后破裂脱离也未可知。龟壳脊背上的五片甲壳代表金、木、水、火、土，两旁各四片对应八卦，边上二十四小片对应二十四节气，世上的占卜家、画家都能说出这些。可是他们不知道：连同腹下十片共有五十九片，脊上颈边还有一小片，片数加起来满六十。这是造物者产灵龟，使甲片的数目匹配一甲子的奇妙之处。《说文》《博物志》没有谈到这种龟，因此我特地详尽描述出来，以等待博学之士来阅读。

鼋

鼋赞：乾元首易，善长是训。鼋之从元，宁无意蕴？

类书称鼋似鳖而大，阔一二丈，肉具十二生肖[1]。《录异记》曰：赤者为鼋，白者为鳖，至难死。渔人捕得，虽支分脔解，随其巨细，入汤镬者，皆能跳动。然鳖与鼋虽至大，如蚊蚋[2]噆[3]之，一夕而死。《尔雅翼》称：鼋之大者，阔或至一二丈。天地之初，介潭[4]生先龙，先龙生位鼋[5]，位鼋生灵龟，灵龟生庶龟。然则鼋，介虫之元也。又云：以鳖为雌，鼋鸣而鳖应。诸说如此。愚按：鼋之为体，据《说文》《尔雅翼》，但称鳖之大者。然则鼋，特大鳖耳，而不知非然也。鼋之腹虽如鳖，其背则龟壳而圆裙，壳上有斑则如玳瑁，盖一体而三物之象具属。康熙癸亥年[6]，温州双塔寺有大鼋登陆，阔可半丈，见人亦逡巡不去。健儿[7]鼓勇笼络[8]，畀[9]之入城，费十余人肩力。献玩文武各官，见者甚多，已而仍命纵之江。其余近江近海之民，或得之网中，或阱之穴内。长江以上多食，海乡之民每每放生。放生者，以其状可怖，不敢啖；食之者，亦以古人"鼋味未尝，食指先动[10]"。且《月令》：九月，命有司登龟取鼋[11]。古人盖尝食之矣。然以予揆之，皆江河小鼋而非海中之大鼋也。鼋在江海中，最恶厉，无所不食。人有浴于江海者，多遭其害，以人肾囊明如灯，故能招引而至也。且鼋亦谲诈，尝遇晴明登水岸，缩其头足，寂然不动。人或步履其上汲水浣衣，鼋忽伸颈衔人入水而啖。或谓：鼋背既有龟纹及玳瑁斑，有目者必能辨认，何以误登？曰：鼋虽龟背，而仍有一绿皮从裙上包络，不全似龟。且老鼋之背，蛎房、撮嘴、苔藓蔓绕，绝似顽石。予得其状，腹稿为图久之。近复考验于目击诸人，云其头斑点，而足亦然，故称“癞头”。其壳如镬形，不长而圆，不平而丰，已吻合矣。张汉逸又携予就一药室，有枯鼋壳，视而酌绘其图，更无剩义。夫鼋不过介虫之一物，而予必为之考核精详者，何也？盖世人但知龟为介虫之长，不知鼋尤为介虫之宗，此字义所以从“元[12]”。而龟、鳖、玳瑁三体之所以咸备，而肉具十二属也，岂偶然哉？

[1] 肉具十二生肖：《本草纲目》卷四十五说鼋“其体具十二生肖肉”。古籍中对其他动物也有类似的描述，如《通雅》里说鼍“身具十二生肖肉，惟蛇肉在尾最毒”，《诗识名解》里说象“具十二生肖肉，各有分段，惟鼻是其本肉”。[2] 蚋（ruì）：一种与蚊子和家蝇相近的小的吸血蝇类的总称。[3] 噆（cǎn）：叮咬。[4] 介潭：古代传说中有鳞甲动物的祖先。[5] 位鼋：《淮南子》作“玄鼋”。[6] 康熙癸亥年：康熙二十二年，公元1683年。[7] 健儿：体魄强健而富有活力的人。[8] 笼络：控制。[9] 畀（bì）：给。这里是运的意思。[10] 食指先动：春秋时，公子宋（子公）与子家去朝见郑灵公，子公的食指突然一动一动的。他说：“我以前这样的时候，一定能尝到异味。”事见《左传·宣公四年》。[11] 登龟取鼋：《礼记·月令》：“季夏之月……命渔师伐蛟，取鼍，登龟，取鼋。”“季夏”是六月，与本书所说的“九月”不符。《礼记注疏》里认为：“作记之人谓此礼是周之秋八月，当夏六月，故误书于此。”不过，即便按照夏历六月、周历八月算，仍与本书所说的有出入。本书“九月”的说法不知何据，或系作者误记。[12] 元：“元”有开端、初始的意思。

| 译文 |

类书里说鼋像鳖而比鳖大，宽一两丈，肉上具备十二生肖的特征。《录异记》里说：红的是鼋，白的是鳖，生命力特别强。渔夫捕到鼋后，虽然将它宰杀分解了，按其大小放入汤锅中，它们在锅中仍能跳动。然而鳖与鼋虽然特别大，如果遭到蚊蝇叮咬，它一天就死掉了。《尔雅翼》里说：大鼋，宽度有的可以达到一两丈。天地之初，介潭生先龙，先龙生位鼋，位鼋生灵龟，灵龟生庶龟。可见，鼋是介虫的始祖。又说：鳖是雌性，鼋一鸣叫鳖就会应

和。其他各种书也是这个观点。愚按：鼋这种东西，《说文》《尔雅翼》只说是大鳖。然而却不知鼋是特大的鳖这种看法并非正确。鼋的肚子虽然像鳖，它的背却长着和乌龟一样的壳和圆裙，壳上有斑像玳瑁，在它这一种动物的身体中，三种动物的形象都具备了。康熙二十二年，温州双塔寺有大鼋登陆，宽大约半丈，见到人也不怕，逡巡不离去。健壮的年轻人鼓足勇气把它控制住，十多个人费尽力气将它运入城中。随后呈给各位文武官员赏玩，很多人都看见了，不久长官命令放回江中。近江近海的百姓，有的用网捕捞，有的利用陷阱捕捉，只不过长江沿线的人多吃掉它，沿海地区的百姓则每每放生。放生的，是因为它的样子可怕，不敢吃；吃它的，也是因为古人有“鼋味没等尝到，食指就先动了”的典故。而且《月令》里有记载：九月，命有司登龟取鼋。可见古人是吃过的。然而以我推测，那都是江河中的小鼋而不是海中的大鼋。鼋在江海中，最凶恶厉害，无所不吃。在江海中洗澡的人多遭其害，只因人的肾囊明亮如灯，所以能把它招引来。而且鼋也非常狡猾，经常在晴明天气登上岸，缩着它的头和脚，静静地一动不动。有的人踩在上面打水洗衣服，鼋忽然伸出脖子把人衔入水吃掉。有人说：鼋背既有龟纹和玳瑁斑，有眼睛的人一定能够辨认出，怎么会误登到它的背上？答曰：鼋虽然长着龟背一样的甲壳，但仍有一块绿皮从裙上包络，不全像龟。而且老鼋的背上蛎壳、撮嘴、苔藓蔓绕，特别像顽石。我了解了它的样子，但为绘出其图打了很长时间的腹稿。最近又向亲眼见过的人们核实，据见过的人说，它的头上有斑点，脚也是这样，所以被称为“癞头鼋”。它的壳像锅的形状，不长而圆，不平而饱满，这与我的腹稿吻合一致。张汉逸又领我到一间药室，那里有干枯的鼋壳，看了之后斟酌着画出图，避免有疏忽遗漏之处。鼋不过是介虫中的一种，而我一定要这样精准详细地考核，为什么呢？因为世人只知道龟是介虫的首领，不知道鼋更是介虫的祖宗，“鼋”这个字的字义因此从“元”。而龟、鳖、玳瑁三种动物的体貌特征它都具备，肉具有十二生肖的特征，这难道是偶然吗？

寂然不動人或步履其上汲水
澣衣鼋忽伸頸啣人入水而啖
或謂鼋背既有龜紋及瑇瑁斑
有目者必能辨認何以悮登曰鼋
雖龜背而仍有一綠皮從裙上包
絡不全似龜且老鼋之背蠣房
摞嘴苔蘚蔓繞絕似頑石予得
其狀腹稿為圖久之近復考驗
於目擊諸人云其頭斑點而足
亦然故稱癩頭其殼如鑊形不
長而圓不平而豊已吻合矣張漢逸文携予就一藥室有枯鼋殼視而酌繪其圖更無剩義夫鼋不過介虫
之一物而予必為之考核精詳者何也蓋世人但知龜為介虫之長不知鼋尤為介虫之宗此字義所以從元而龜鱉瑇瑁三體
之所以咸倫而內具十二屬也豈偶然哉

鼋贊

乾元首昜善長是訓鼋之從元寧無意蘊

類書稱黿似鱉而大闊一二丈内具十二生肖録異記曰赤者為黿白者為鱉至難死漁人捕得雖支分臠鮮隨其巨細入湯鑊者皆能跳動然鱉與黿雖至大如蚊蚋嚼之一夕而死爾雅翼稱黿之大者闊或至一二丈天地之初介潭生先龍先龍生位元黿位黿生靈龜靈龜生庶龜然則黿介虫之元也又云以鼉為雌黿鳴而鼉應諸説如此愚按黿之為體據説文爾雅翼但稱鱉之大者然則黿特大鱉耳而不知非然也黿之腹雖如鱉其背則龜殼而圓裙殼上有斑則如瑇瑁蓋一體而三物之象具屬康熙癸亥年温州濩塔寺有大黿登陸闊可半丈見人亦逡巡不去健兒鼓勇籠絡舁之入城費十餘人膂力啟玩文武各官見者甚多已而仍命縱之江其餘近江近海之民或得之網中或穽之穴内長江以上多食海鄉之民每每放生放生者以其狀可怖不敢啖食之者亦以古人黿味未嘗食指先動且月令九月命有司登龜取黿古人蓋嘗食之矣然以予揆之皆江河小黿而非海中之大黿也黿在江海中最惡厲無所不食人有浴于江海者多遭其害以人腎囊明如燈故能招引而至也且黿亦譎詐嘗遇晴明登水岸縮其頭足

物靈強不可食篇海云鼉之大者甲有文彩字彙引續博物志云鼉聲如鼓詩大雅鼉鼓逢逢象鼓鳴也愚按鼉皮似難為鼓國策建靈鼉之鼓豎翠鳳之旂寔非以鳳為旂而以鼉為鼓也蓋繪鼉於鼓而畫鳳於旂也如樂器酒葩諸飾可想而知字彙註鮀曰魚名而本草作鼉不知何據龍噓氣成雲鼉吐氣成霧可以理會

鼉體與鮫相似並有氣力能攻厓岸多伏於江海島嶼土中非網罟之所能得大約多係掘土而得者今藥市往往懸枯鼉以壯觀不能甚大不過三四尺之小者耳張漢逸曾見過特為予圖至於篇海所云大者身有文彩其說可証鱷魚火焰為生成之文非浪傳也

鼉吐霧贊

世知山霧
罕識海雲
取鼉以証
知所自興

康熙二十九年福寧祝建如客楚之辰州
浮舟江上時七月也天甚炎熱忽有一物
長丈餘盤於江岸石上身黑色有鱗甲
四爪尾亦長額有小角口濶眼圓而大鼻
上有硬鬚數莖動揺可怖舟人曰此鼉
也戒勿語並禁客手指恐鼉覺入水覆
舟則危矣因為予圖述

博物志曰鼉長一丈一名土龍鱗甲黑色
能橫飛而不能上騰抱蹣然之體隨月以
運說原曰鼉能吐霧致雨善攻碕岸性
嗜睡目常閉力亦酋勁海物記曰鼉鳴
為鼉鼓亦或謂鼉更則以其聲逢逢然
如鼓而又善鳴其數應更故也本草鮀作
鼉長者能吐氣成霧致雨力至猛能攻陷
江岸形如龍大長者自囓其尾極難死
聲甚可畏人能穴中掘之百人掘必百人
拽之如一人掘止用一人之力牽之可出此

鼍吐雾

鼍吐雾赞：世知山雾，罕识海云。取鼍以证，知所自兴。

康熙二十九年[1]，福宁祝建如客楚之辰州，浮舟江上。时七月也，天甚炎热。忽有一物长丈余，盘于江岸石上，身黑色，有鳞甲，四爪，尾亦长，额有小角，口阔眼圆，而大鼻上有硬须数茎[2]，动摇可怖。舟人曰："此鼍也。"戒勿语，并禁客手指，恐鼍觉入水负舟则危矣。因为予图述。

《博物志》曰[3]：鼍，长一丈，一名"土龙"。鳞甲黑色，能横飞而不能上腾。抱跚然[4]之体，随月以运[5]。《说原》曰：鼍能吐雾致雨，善攻埼岸，性嗜睡，目常闭，力亦酋劲[6]。《海物记》曰：鼍鸣为鼍鼓，亦或谓"鼍更"，则以其声逄逄然如鼓，而又善鸣，其数应更故也。《本草》："鮀"作"鼍"，长者能吐气成雾致雨，力至猛，能攻陷江岸，形如龙。大长者自啮其尾，极难死，声甚可畏。人能穴中掘之，百人掘必百人拽之，如一人掘，止用一人之力牵之可出。此物灵强，不可食。《篇海》云：鼍之大者，甲有文彩。《字汇》引《续博物志》云：鼍声如鼓。《诗·大雅》："鼍鼓逄逄[7]"，象鼓鸣也。愚按：鼍皮似难为鼓。《国策》[8]"建灵鼍之鼓，竖翠凤之旂[9]"，实非以凤为旂而以鼍为鼓也，盖绘鼍于鼓而画凤于旂也，如乐器酒器诸饰，可想而知。《字汇》注"鮀"曰"鱼名"，而《本草》作"鼍"，不知何据。龙嘘气成云，鼍吐气成雾，可以理会。

鼍体与鲮[10]相似，并有气力，能攻崖岸。多伏于江海岛屿土中，非网罟之所能得，大约多系掘土而得者。今药市往往悬枯鼍以壮观，不能甚大，不过三四尺之小者耳。张汉逸曾见过，特为予图。至于《篇海》所云大者身有文彩，其说可证鳄鱼火焰为生成之文，非浪传[11]也。

[1] 康熙二十九年：公元1690年。[2] 数茎：数根。[3] 文中所述内容不见于《博物志》而见于明代董斯张《广博物志》。《埤雅》等书引此内容，言其出于宋代李石《续博物志》，然今本《续博物志》无此内容。[4] 蹣然：步履蹣跚的样子。[5] 随月以运：在月亮出来以后活动。抑或指其身体特征随月亮的变化而变化。[6] 酋劲（jìng）：即“遒劲”。“酋”通“遒”。[7] 鼍鼓逢逢（páng páng）：语出《诗经·大雅·灵台》。[8]《国策》：即《战国策》。[9] 此处应是作者记忆有误。李斯《谏逐客书》有“建翠凤之旗，树灵鼍之鼓”的句子。但李斯此文见于《史记》而不见于《战国策》。此外，司马相如《上林赋》中有“建灵鼍之鼓”这半句，应非作者所指。[10] 鲮：音líng。[11] 浪传：空传，妄传。

| 译文 |

康熙二十九年，福宁人祝建如客居楚地的辰州，有一天浮舟江上。这时是七月，天气非常炎热。忽然有一种动物，长一丈多，盘在江岸石上，身体呈黑色，有鳞甲，长着四只爪子，尾巴也长，额头有小角，口阔眼圆，大鼻子上还有硬须数根，动摇起来非常可怕。船夫说：“这就是鼍。”并警告船上的人不要说话，并禁止船上的人用手指点，怕鼍发觉了入水负舟就危险了。于是为我画图叙述。

《博物志》（译者注：应为《广博物志》）里说：鼍，长一丈，也叫“土龙”。它的鳞甲呈黑色，能横飞而不能上腾。它拖着蹣跚的身体，跟着月亮一起作息。《说原》里说：鼍能吐雾致雨，能够毁坏曲折的江岸，生性嗜睡，眼睛常闭着，力气也非常大。《海物记》里说：鼍的叫声是“鼍鼓”，或叫“鼍更”，是因为它的声音“逢逢”的像鼓声，而且又喜欢叫，叫声的数量跟更数相对应。《本草》里说：“鮀”作“鼍”，体形长的能吐气成雾致雨，力气特别猛，能攻陷江岸，外形像龙。又大又长的，能自己咬到自己的尾巴，生命力特别强，叫声非常可怕。人能从洞穴中挖到它，百人挖掘一定要百人拽它，如果一个人挖掘，仅用一个人的力气拉它就可以出来。这种动物灵性很强，不能吃。《篇海》里说：大鼍，甲上有花纹。《字汇》引《续博物志》说：鼍的声音像鼓。《诗经·大雅》里有“鼍鼓逢逢”的句子，是摹写鼓的声音。愚按：鼍皮似乎难以制成鼓。《战国策》里有“建灵鼍之鼓，竖翠凤之旂”的句子（译者按：此句子不出于《战国策》，详见注释[7]），实际不是用凤制成旗、用鼍制成鼓，是把鼍的形象画在鼓上、把凤的形象画在旗上，就像乐器、酒器上的众多装饰，是可想而知的。《字汇》里注释“鮀”，说是“鱼名”，而《本草》里写作“鼍”，不知道是什么依据。龙吐气成云，鼍吐气成雾，由此可以领会。

鼍的躯体跟鲮相似，都有气力，能毁坏崖岸。多伏在江海岛屿的土中，不是网罟所能捕到的，大多是挖土而捕到的。现在药市往往悬挂干枯的鼍以便看起来有气势，但鼍都不太大，不过三四尺的小鼍而已。张汉逸曾见过，特为我画了图。至于《篇海》里所说的大鼍身上有花纹，这种说法可以证明鳄鱼身上的火焰是天然生成的纹理，并不是妄传。

玳 瑁

玳瑁赞：本是龟体，恶其形秽。服色改装，是名玳瑁。

玳瑁，《汇苑》注曰：状如龟，背负十二叶。产南番海洋深处，白多黑少者价高，大者不可得。新官莅任，渔人必携一二来献，皆小者耳。取用时，必倒悬其身，以滚醋泼之，逐片应手而落，但不老则其皮薄不堪用。《本草》云：大者如盘。入药须用生者乃灵，带之亦可辟蛊[1]，凡遇饮食有毒则必自摇动；死者则不能神矣。昔唐嗣薛王[2]镇南海，海人有献生玳瑁者，王令揭背上甲一小片系于左臂，其揭处后复生还。今人多用杂龟筒作器，即生者亦不易得。又有一种龟鼊，亦玳瑁之类，其形如笠，四足无指，其甲亦有黑珠文彩，但薄而色浅，不堪作器，谓之“鼊皮”，不入药用。《字汇》引张守节[3]注曰：一说雄曰“玳瑁”，雌曰“蟕蠵”。《粤志》广州、琼、廉皆产。《华彝考》注：玳瑁，身类龟，首如鹦鹉，六足，前四足有爪，后二足无爪。安南、占城、苏禄、爪哇诸国皆产。考之群书，玳瑁之说可谓备矣。

愚按：玳瑁实生海洋深处，而《本草》云产岭南山水间，且图其形，系四足。盖惟辨其药性而未深考其形状及出处也。《字汇》注但引张守节一说，义亦简略。昔人云以龟筒充玳瑁，今也以羊角点斑为之，玳瑁遍天下矣。是图粤人既为予绘，予更考验余我生[4]药室所藏真壳，果系十有二叶。《埤雅》云：象体具十二生肖，惟鼻是其本肉。《录异记》云：鼋之身有十二属肉。今玳瑁背叶十二，或亦按生肖欤？存疑，以俟辨者。

曰蝳瑁雌曰觜蠵粵志廣州瓊廉皆産華夷考註蝳瑁身類黿首如鸚䳇六足前四足有爪後二足無爪安南占城蘇禄爪哇諸國皆産考之羣書蝳瑁之説可謂備矣

蝳瑁贊

本是黿體惡其形穢
服色改裝是名蝳瑁

愚按蝳瑁實生海洋深處而本草云産嶺南山水間且圖其形係四足葢惟辨其藥性而未深考其形狀及出處也字彙註但引張守節一説義亦簡略昔人云以黿筒充蝳瑁今也以羊角點斑為之蝳瑁徧天下矣是圖粵人既為予繪予更考驗余我生藥室所蔵真殻果係十有二葉埤雅云象體具十二生肖惟鼻是其本肉録異記云黿之身有十二属肉今蝳瑁背葉十二或亦按生肖歟存疑以俟辨者

瑇瑁彙苑註曰狀如黿背負十二葉產南
番海洋深處白多黑少者價高大者不可
得新官莅任漁人必攜一二來獻皆小者
耳取用時必倒懸其身以滚醋潑之逐片
應手而落但不老則其皮薄不堪用本草
云大者如盤入藥須用生者乃靈帶之亦
可辟蠱凡遇飲食有毒則必自搖動死者
則不能神矣昔唐嗣薛王鎮南海海人有
獻生瑇瑁者王令揭背上甲一小片繫於
左臂其揭處後復生還令人多用雜龜筒
作器即生者亦不易得又有一種龜鼊亦
瑇瑁之類其形如笠四足無指其甲亦有
黑珠文彩但薄而色淺不堪作器謂之鼊
皮不入藥用字彙引張守節註曰一說雄

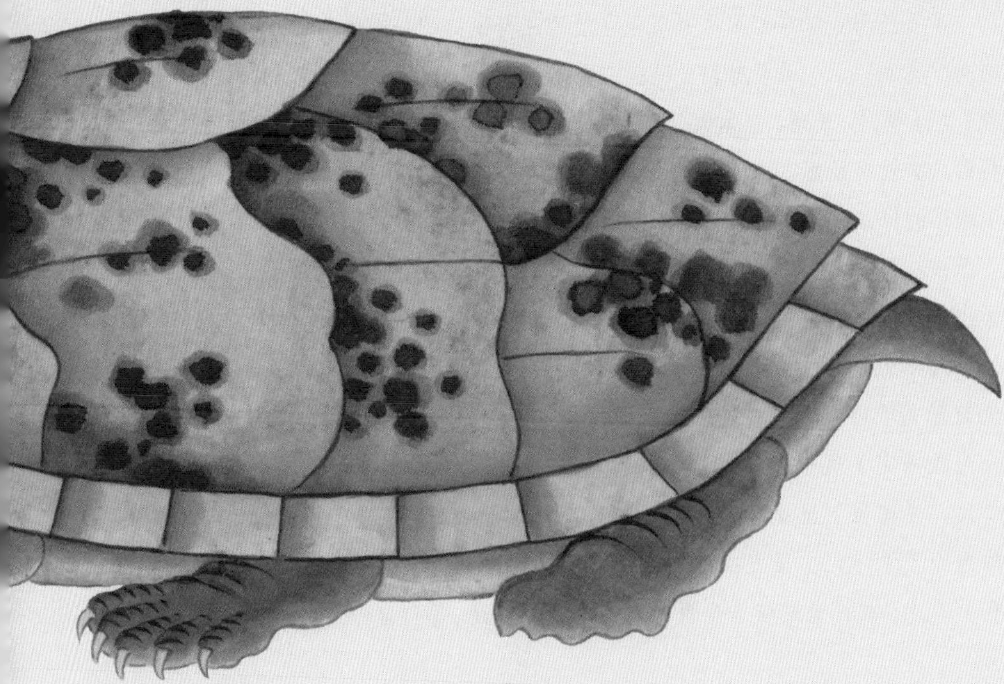

[1] 蛊：古代用毒虫所制的一种毒药。[2] 唐嗣薛王：李佑柔，《蜀后主实录》里记载他是南唐先主李昪（biàn）的父亲。（其他资料记载李昪的父亲叫李荣。）[3] 张守节：唐代学者，曾为司马迁的《史记》作注（即《史记正义》）。[4] 余我生：当是药室名或药室主人的名字。

| 译文 |

玳瑁，《汇苑》里注释说：外形像龟，背上背着的壳有十二片。产在南番海洋深处，白多黑少的价高，但大的很难捉到。新官上任，渔夫一定会带一两只来进献，只是都是小的。取用的时候，一定要倒挂它的躯体，用滚醋泼洒，它的甲片就能逐片应手而落，但如果不够老，则它的皮薄不能用。《本草》里说：大的像盘子，入药须用活的才灵，带着它也可以辟蛊，凡遇到饮食有毒它一定会自行摇动；如果是死玳瑁，则没有这种神奇的作用。当初唐嗣薛王做岭南节度使的时候，生活在海边的人有进献活玳瑁的，薛王命他揭下背上一小片甲壳系在左臂，那揭开的小甲没多久又长出来了。现在的人多用杂龟筒做器物，但活着的不容易逮到。还有一种龟鼊，也是玳瑁之类，它的外形像斗笠，四只脚没有脚趾，它的甲也有黑珠纹理，但薄而颜色浅，不能制作器物，被称为“鼊皮”，不入药用。《字汇》里引用张守节的注释说：“一说雄的叫‘玳瑁’，雌的叫‘觜蠵’。”《粤志》里说：“广州、琼州、廉州等地都出产。”《华彝考》里注释说：玳瑁，身体像龟，脑袋像鹦鹉，有六只脚，前面四只脚有趾甲，后面两只脚没有趾甲。安南、占城、苏禄、爪哇等国都出产。考证这么多书，关于玳瑁的说法可谓齐备了。

愚按：玳瑁实际生在海洋深处，而《本草》里说它产自岭南山水间，而且画出的外形是四只脚。大概只辨别了它的药性而没有深入考查它的形状及出处。《字汇》的注释只引用了张守节的一种说法，字义也简略。从前有人用龟筒冒充玳瑁，现在有人用羊角点斑伪造玳瑁，弄得玳瑁满天下都是。广东人为我画完了这张图，我进一步考查验证余我生药室所藏的真壳，果然有十二片。《埤雅》里说：大象的身体具有十二生肖的特征，只有鼻子是它自己的肉。《录异记》里说：鼋的身体有十二生肖的肉。现在玳瑁的背上甲壳也有十二片，或许也是依据生肖而来的吗？先存疑，等待能分辨的人来解答。

朱　鳖

朱鳖赞：左青右白，龙虎本色。鳖挂朱衣，代雀之职。

予得岭南朱鳖图，四目六足而赤色。考《寰宇记》：高州有朱鳖，状如肺，四眼六脚而吐珠。《粤志》亦载，可并证矣。谢若愚曰：“日本有朱鳖，可食。”

| 译文 |

我得到岭南的朱鳖图，它有四只眼睛、六只脚，是红色的。查证《寰宇记》：高州有朱鳖，外形像肺，有四只眼睛、六只脚，能吐出珍珠。《粤志》里也有记载，可以一并作为证据。谢若愚说：“日本有朱鳖，可以食用。”

予得嶺南朱鱉圖四目六足而赤色考寰宇記高州有朱鱉狀如肺四眼六脚而吐珠粤志亦載可並証矣謝若愚曰日本有朱鱉可食

朱鱉賛

左青右白
龍虎本色
鱉掛朱衣
代雀之職

鹰嘴龟

鹰嘴龟赞：鹰嘴无稽，谁不怀疑？研求出典，始信为奇。

康熙三十年[1]，李闻思温州平阳作贾[2]，得见此龟，云牧儿[3]于阳石门沙涂中捕蟹，忽见一物穴而伸其首，乃引众发之。其大如米箕，颈甚长，顶上有钩如鹰嘴，头与背色皆杏黄，目赤，口有齿，足与尾皆黑色，并有鱼鳞纹。其腹下之壳如龟背而大，背上之壳小而平，若龟之仰身者。然观者皆不识其名，但以其首曲而尖，名之曰“鹰嘴龟”。遂令画家图其稿以示予，附入《海错》。或有见而笑之者，曰：“龟有定形，多在人耳目，海中焉得有此？毋信人之言，人实诳女[4]。”予曰：“有典籍在，焉能诳也？”考《尔雅》，龟有十种：一神、二灵、三摄、四宝、五文、六筮、七山、八泽、九水、十火，龟类如是其多也。海中之龟更有鼋鼍[5]。鼋鼍形如玳瑁。琉球海中实有䱻鼊屿。郭景纯《江赋》又有“鼊鼊”。“鼊鼊”，字书音“弭麻”，云似䱻鼊，生海边沙中，肉甚美多膏。今其龟得之沙中，即鼊鼊也。况予更以龟形询之海人，名虽不识，云其肉如牛肉可食，其膏黄，合之，记载不爽[6]，予是以信而图之。况海中原有一种龟，名曰鴝。今首上有鴝[7]，又当名为“鴝龟”。《博物》《本草》中一物而数名者甚多，如虎名“山君”，又名“伯都”，虾蟆子名“蝌蚪”，又名“活东师”之类。今此龟亦有二名，曰“鴝”，曰“鼊鼊”。他日乃以其说与李，李叹曰：“非君研求，则予将为所惑矣。”当日平阳文武各官送阅，得见者历历可数。如总镇朱公则讳天贵者是也，其余右营吴城守徐游，府路守戎金，以及平阳宰则赵令。合城兵民无不见之，但无有识之者。阅毕，仍命投之江。予备存其说，庶几“𪓰𪔅”一物，今而后传信[8]不疑矣。

[1] 康熙三十年：公元1691年。[2] 作贾：做生意。[3] 牧儿：牧童。[4] 女：同“汝”。[5] 鼁鼊：音qú bì。[6] 爽：差错。[7] 此处“𪚥”字似为“钩”字或“勾”字笔误，作者之意当是由“钩”或“勾”而有“𪚥”字。译文作“钩”。[8] 传信：把确信的事实传告于人。

| 译文 |

康熙三十年，李闻思在温州平阳做买卖，得以见到这种龟，据说是牧童在阳石门沙滩中捕蟹，忽然看见有一个东西从洞穴中伸出它的脑袋，就带领大家把它挖了出来。它跟米簸箕一般大，脖子非常长，头顶有像鹰嘴一样的钩子，头部和背部都是杏黄色的，眼睛是红色的，嘴里有牙齿，脚和尾巴都是黑色的，都有鱼鳞纹。它腹部下的壳像龟背但比龟背大，背上的壳小而平，像仰着身子的龟。然而观者都不知道它的名字，只因它的头部弯曲且有尖，就给它起名叫“鹰嘴龟”。于是李闻思让画家画下来给我看，我把它附入《海错图》中。有人见到了嘲笑说：“龟有固定的样子，大多有人听过见过，海中哪能有这个东西呢？不要相信别人的话，别人其实是在骗你呢。”我说：“有典籍在，怎么能骗得了呢？”查证《尔雅》，龟有十种：一神龟、二灵龟、三摄龟、四宝龟、五文龟、六筮龟、七山龟、八泽龟、九水龟、十火龟，龟类如此之多。海中的龟还有鼁鼊，样子像玳瑁。琉球海中确实有䵶鼊岛。郭璞的《江赋》中又有“𪓰𪔅”。“𪓰𪔅”，字书里注音为“弭麻”，说是像䵶鼊，生在海边沙中，肉非常美，有脂肪。现在这种龟在沙中捕获，就是𪓰𪔅。我更是向生活在海边的人询问这种龟的外形，他们虽然不知道它的名字，但说它的肉像牛肉一样，可以吃，它的膏是黄色的。核对一下，与书上的记载没有出入。我因此相信并画下了图。何况海中原本有一种龟，名叫“𪚥”。现在这种龟脑袋上有钩，又应当叫作“𪚥龟”。《博物》《本草》中同一种东西而有好几个名字的非常多，比如老虎叫“山君”，又叫“伯都”；

虾蟆的幼子名叫“蝌蚪”，又叫“活东师”之类。现在这种龟也有两个名字，叫“鼩”，也叫“鼍鼋”。某一天，我把这种说法讲给李闻思听，李闻思感叹道：“如果不是你深入探究，我将会被这个问题所迷惑。”当天呈给平阳文武各官观看，见到的人历历可数。如总镇朱天贵，以及右营吴城长官徐游、府路长官戎金，以及平阳宰赵令。全城的士兵和百姓没有没见到的，但没有认识的人。看完了，长官传令把它投入江中。我备案保留这种说法，差不多就是“鼍鼋”这种东西，从今以后可以不用怀疑地讲给别人了。

鷹嘴龜賛

鷹嘴無稽
誰不懷疑
研求出典
始信為奇

康熙三十年李闇思温州平陽作賈得見此龜云牧兒於陽石門沙塗中捕蟹忽見一物穴而伸其首乃引衆發之其大如米箕頸甚長頂上有鉤如鷹嘴頭與背色皆杏黄目赤口有齒足與尾皆黑色並有魚鱗紋其腹下之殼如龜背而大背上之殼小而平若龜之仰身者然觀者皆不識其名但以其首曲而尖名之曰鷹嘴龜遂令畫家圖其稿以示予附入海錯或有見而笑之者曰龜有定形多在人耳目海中焉得有此毋信人之言人寔誑女予曰有典籍在焉能誑也考爾雅龜有十種一神二靈三攝四寶五文六筮七山八澤九水十火龜類如是其多也海中之龜更有鼂鼊鼂鼊形如瑇瑁琉球海中寔有䵶鼊嶼郭景純江賦又有鼂鼊鼂鼊字書音彌麻云似䵶鼊生海邊沙中肉甚美多膏今其龜得之沙中即鼂鼊也況予更以龜形詢之海人名雖不識云其肉如牛肉可食其膏黄合之記載不爽予是以信而圖之況海中原有一種龜名曰鉤今首上有鉤又當名為鉤龜博物本艸中一物而數名者甚多如虎名山君又名伯都蝦蟇子名蝌蚪又名活東師之類今此龜亦有二名曰鉤曰鼂鼊他日乃以其說與李李嘆曰非君研求則予將為所惑矣當日平陽文武各官送閲得見者歷歷可数如總鎮朱公則諱天貴者是也其餘右營吳城守徐遊府路守戎金以及平陽宰則趙令合城兵民無不見之但無有識之者閲畢仍命投之江予偹存其説庶幾鼂鼊一物今而後傳信不疑矣

蓋色但剪鱟有方須先出其腸勿令破然後節解之如腸破少滴其穢臭惡不堪食矣在水牝牡相負在陸牝牡相逐牝體大而牡軀小捕者必先取牝則牡留如先取牡則牝逸鬻者夾牝牡以竹束之而市温台閩廣俱産夏末最盛醃藏其肉及子醉以酒漿風味甚佳其血調水蒸凝如蛋糕其跗葉端白肉極脆嫩美尾間精白肉和椒醋生啖勝魚膾食後戒飲茶從未食者覩其形惡多畏而不敢下筯慣啖者每羨而愛之或有性不相宜者非哮即瀉惟久醃者頗無碍其醃汁可愈心痛疾不止肉之能治痔殺虫也予録而記之并附鱟賦於後

鱟賦

動植飛潛充牣宇宙海有介虫厥名曰鱟偃體團肩前如缺瓢排翅掉尾後若垂鼇背雖別夫兩目兮不辨睛眸腹徒擁夫多足兮長類傴僂泛泛浩瀚之間兮瀾玳瑁而雜鯢鱗蠵蠵斥澗之上兮役蟛蜞而伍蝤蛑小齊杯盌大擬盤箒同生共長月露風流互依倚兮等蛩虫之待蟨負相匹偶兮異水母之載蝦浮所以陸行而留胼跡水戲而噴聯漚泥塗而軒冕兮既折腰而善走風波而介胄兮雖雄心而不吼似素未具乎剛腸復何煩乎利口性符離象內陰而外陽形似畢星豐前而銳後允協常經宜匹令偶胡為乎倡而壯者常為牝隨而瘠者反為牡何順逆之倒施俾小大之乖謬捕其雄兮則雌逝而莫覯獲其雌兮則雄留而死守逝者既失羅數之負留者還蹈尾生之醜以故趨而蹴之者遠師老氏之守雌掩而掠之者近說文姜之敝笱是鮫居老叟蜃穴兒曹垂涎饞斷竭力貪饕覘彼蚕盈夏月應其娠脫秋濤駕風雲而勢如逐鹿絕滄海而意等釣鼇痛輕身之未遂兮嗟重禍以横遭傷多子之貽患兮悔貪慾而莫逃且復雙雙並桔兩兩連荄市上居之為奇貨席中指之為美殺售以泉貨執其鸞刀儔兮侶劈意慘神號碧濺萇弘之血腥刳孕婦之胥剥臂無膚瑩愈雪膾斷脛有髓清勝霜鳌剖卵纍纍兮聯珠綴絮斷肌縷縷兮剔膜取骨試小鮮之一烹兮佐中饋之連朝共寧割之却嶶兮發痼疾而咆哮如是沃以清芬之琬琰和以芳蕤之溪毛聚糜軀于瓿甌宴碎首於丘糟備禦冬之旨蓄佐卜夜以酕醄易牙善刀而藏曰人味已嘗鱟味若何予投筯而起曰肥甘味少酸辛味多

鱟腹贊

背剛腹柔
形如缺盂
一口當胸
其足二九

張漢翁論鱟之形狀及醯膾法甚詳謂鱟初生如豆漸如盞至三四月纔大如盂殼作前後兩截筋膜聯之可以屈伸前半如剖匏之半而兩腋缺處作月牙狀前半殼縱紋三行直六刺兩泡兩點目也雌鱟至秋後放子則明而有光捕者難取後半截似巨蟹而堅厚中縱紋一行三刺兩旁殼邊各八刺每邊又出長刺各六皆活動尾堅銳列刺作三稜長與身等亦能搖曳自衛腹下藏足左右各六似足非足又皆有雙岐如螯狀末兩大足如人指作五岐變幻尤異足皆繞口在腹中心簇芒如針後半殼下一膜覆軟內葉各五片如蝦之有跗藉以游泳腸僅一條甚短而無臟胃其背黑綠色腹下及爪足黑紫色牝者滿腹皆子子如小綠豆而黃其脂瞀沉香色血

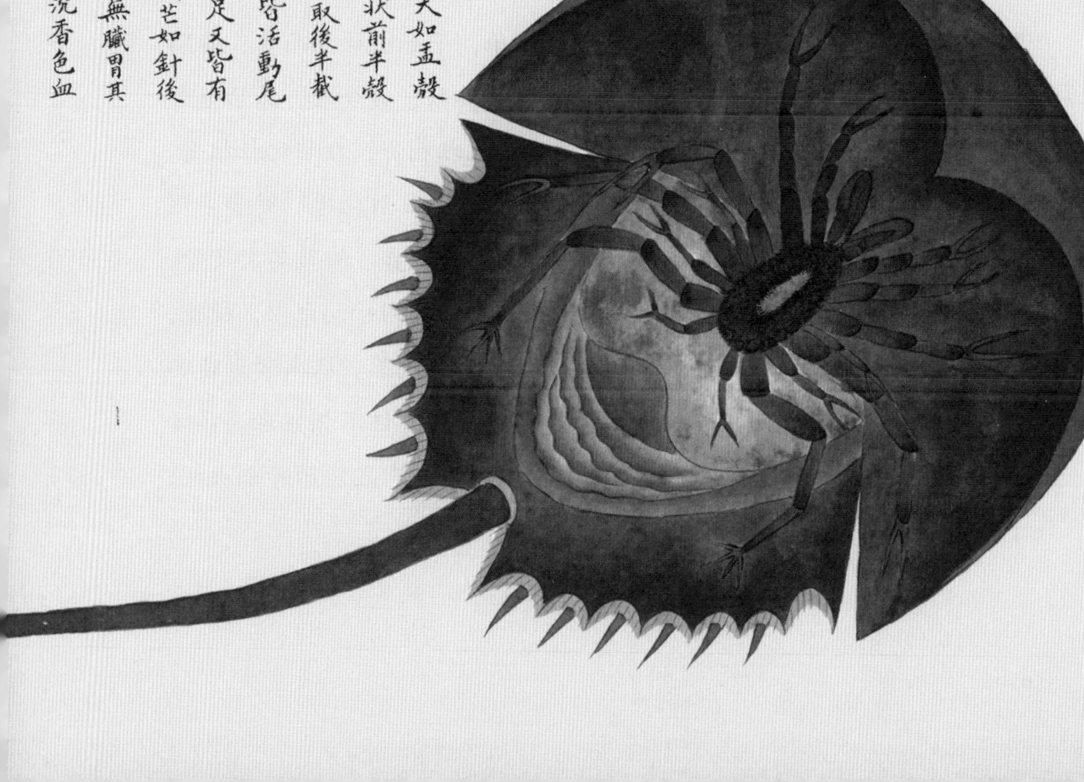

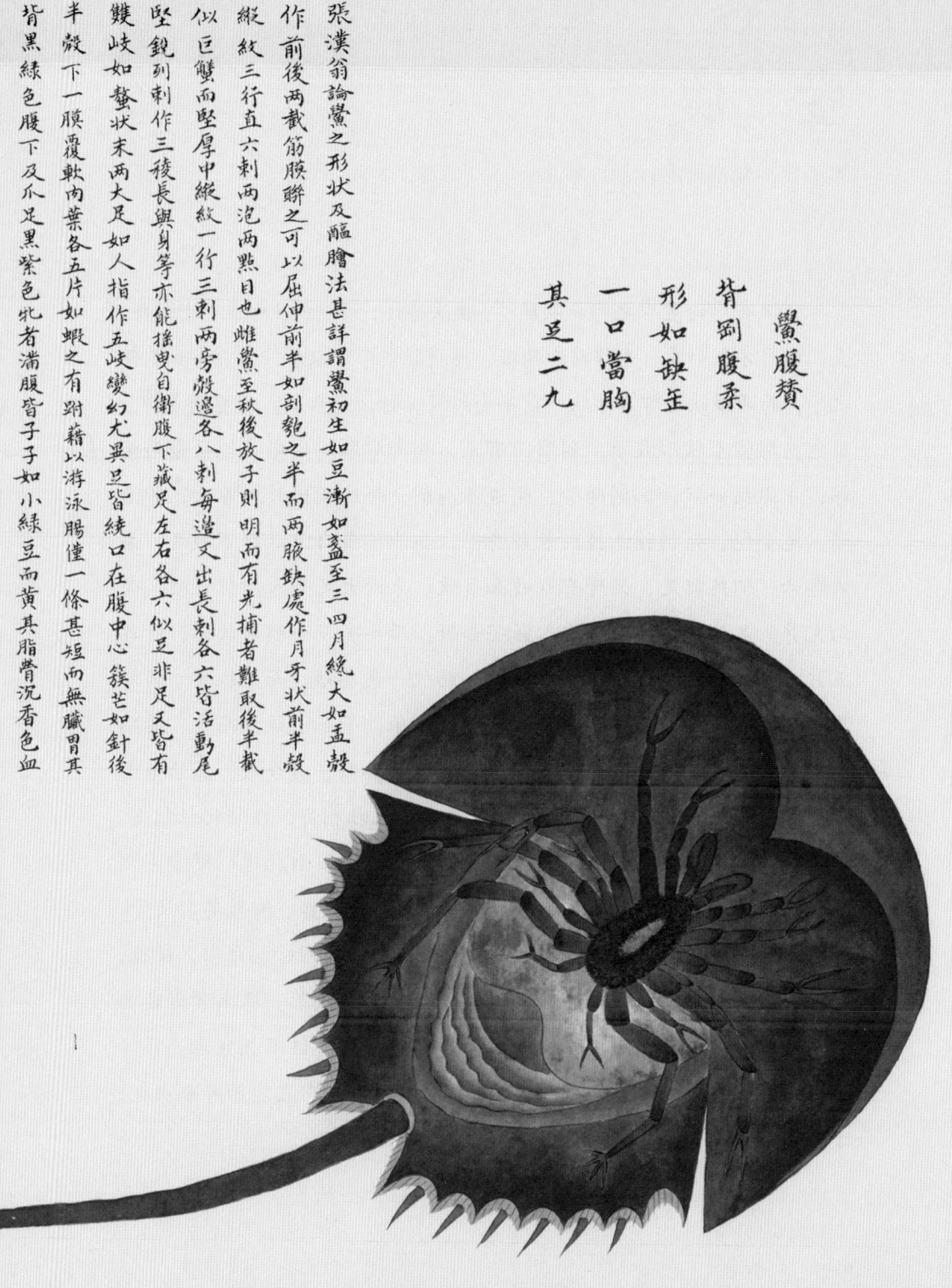

鲎 腹

鲎腹赞：背刚腹柔，形如缺缶。一口当胸，其足二九。

张汉翁[1]论鲎[2]之形状及醢[3]、脍法甚详，谓鲎初生如豆，渐如盏，至三四月才大如盂。壳作前后两截，筋膜联之，可以屈伸。前半如剖匏之半，而两腋缺处作月牙状。前半壳纵纹三行，直六刺。两泡两点[4]，目也，雌鲎至秋后放子，则明而有光，捕者难取。后半截似巨蟹而坚厚，中纵纹一行，三刺两旁，壳边各八刺，每边又出长刺各六，皆活动。尾坚锐，列刺作三棱，长与身等，亦能摇曳自卫。腹下藏足，左右各六，似足非足，又皆有双岐如螯状。末两大足如人指作五岐，变幻尤异。足皆绕口，在腹中心簇芒如针。后半壳下一膜覆软肉，叶各五片，如虾之有跗[5]，藉[6]以游泳。肠仅一条甚短，而无脏胃。其背黑绿色，腹下及爪足黑紫色。牝者满腹皆子，子如小绿豆而黄，其脂膋[7]沉香色，血蓝色。但剪鲎有方，须先出其肠，勿令破，然后节解之。如肠破少滴其秽，臭恶不堪食矣。在水牝牡相负，在陆牝牡相逐。牝体大而牡躯小，捕者必先取牝则牡留，如先取牡则牝逸。鬻者夹牝牡，以竹束之而市。温、台、闽、广俱产，夏末最盛。腌藏其肉及子，醉以酒浆，风味甚佳。其血调水蒸，凝如蛋糕。其跗叶端白肉，极脆，嫩美。尾间精白肉和椒醋生啖，胜鱼脍，食后戒饮茶。从未食者睹其形恶，多畏而不敢下箸，惯啖者每美而爱之。或有性不相宜者，非哮即泻，惟久腌者颇无碍。其腌汁可愈心痛疾不止，肉之能治痔杀虫也。予录而记之，并附鲎赋于后。

鲎 赋

动植飞潜[8]，充牣[9]宇宙。海有介虫，厥[10]名曰鲎。偃[11]体团肩，前如缺瓢；排翅掉尾[12]，后若兜鍪[13]。背虽别夫两目兮，不辨睛眸[14]；腹徒拥夫多足兮，长类伛偻[15]。泛泛浩瀚之间兮，溷[16]玳瑁而杂觿鯸；蠕蠕[17]斥涸[18]之上兮，役蟛蜞而伍蝤蛑。小齐杯碗，大拟盘篝[19]。同生共长，月露风流[20]。互依倚兮，等蛩虫之待蟨负[21]；相匹偶兮，异水母之载虾浮[22]。所以陆行而留胼[23]迹，水戏而喷联沤[24]。泥涂而轩冕[25]兮，既折腰而善走；风波而介胄兮，虽雄心而不吼。似素未具乎刚肠，复何烦乎利口。性符离象[26]，内阴而外阳；形似毕星[27]，丰前而锐后。允协[28]常经[29]，宜匹令偶。胡为乎倡而壮者常为牝，随而瘠者反为牡[30]？何顺逆之倒施，俾[31]小大之乖谬？捕其雄兮，则雌遁而莫觏[32]；获其雌兮，则雄留而死守。遁者既失罗敷[33]之贞，留者还蹈尾生[34]之丑。以故趋而蹴之者，远师老氏[35]之守雌[36]；掩而掠之者，近说文姜之敝笱[37]。爰是鲛居老叟，蜃穴儿曹，垂涎垄断[38]，竭力贪饕[39]。觇[40]彼蛋盈夏月，虑其娠脱秋涛。驾风云而势如逐鹿[41]，绝沧海而意等钓鳌[42]。痛轻身之未遂兮，嗟重祸以横遭；伤多子之贻患[43]兮，悔贪欢而莫逃。且复双双并桔[44]，两两联弢[45]。市上居之为奇货，席中指之为美毅[46]。售以泉货[47]，执其鸾刀[48]，俦[49]分侣劈，意惨神号。碧溅苌弘之血[50]，腥刳孕妇之膏[51]。剥臀无肤[52]，莹愈雪脍；斫胫[53]有脔，清胜霜螯[54]。剖卵累累兮，联珠缀絮；断肌缕缕兮，剔膜取膂。试小鲜之一烹[55]兮，佐中馈[56]之连朝[57]；失宰割之却窾[58]兮，发痼疾而咆哮。如是，沃[59]以清芬之琬琰[60]，和以芳苾[61]之溪毛[62]，聚麋躯[63]于瓿[64]醢，实[65]碎首于丘糟。备御冬之旨蓄[66]，佐卜夜[67]以酕醄[68]。易牙[69]

善刀而藏曰："人味已尝，鲎味若何？"予投箸[70]而起曰："肥甘味少，酸辛味多[71]！"

[1] 张汉翁：应指作者的好友张汉逸，古代有以名或字、号中的一个字加尊称的称呼方式，如张汉逸称呼本书作者聂璜为"存翁"。参见197页注释[15]。[2] 鲎：音hòu。[3] 醢（hǎi）：古代用肉、鱼等制成的酱。[4] 两泡两点：鲎有四只眼睛，两只复眼，两只单眼。复眼较大如泡，单眼较小如点。[5] 跗（fū）：脚。[6] 藉（jiè）：同"借"。[7] 膋（liáo）：肠上的脂肪，也泛指脂肪。[8] 动植飞潜：一般写作"飞潜动植"，指各种动物和植物。[9] 牣（rèn）：充满。[10] 厥：它的。[11] 偃（yǎn）：倒下，仰倒。[12] 掉尾：摇尾巴。[13] 兜鍪（móu）：古代将士戴的头盔。秦汉以前称胄（zhòu），后叫兜鍪。[14] 眸：瞳仁。[15] 长类伛偻（yǔ lǔ）：总是像驼背的人。伛偻，弯腰曲背。按："偻"字为多音字，"伛偻"一词中今读为"lǔ"，但此赋此处为韵脚，作者所处的时代应是按"lóu"音理解的。这句与上句是反用"百足之虫死而不僵"的典故，说鲎白白拥有这么多只脚，却总像个驼背的人。[16] 溷："混（hùn）"的异体字。[17] 蠕蠕：形容慢慢移动的样子。[18] 斥溷：盐渍污浊之地。斥：盐卤。溷：污浊。[19] 篝（gōu）：笼子。[20] 月露风流：在月下、风中形影不离，犹言"花前月下"。[21] 蛩和蟨是古代传说中的两种怪兽，一种善于觅食但不善于奔跑，一种善于奔跑但不善于觅食，两者相互依赖着生存。后者为前者寻找青草，前者则于危难时负后者逃跑。[22] 异水母之载虾浮：这句是说，雄鲎和雌鲎在一起是相互匹配的，与水母和虾在一起互相利用是不同的。[23] 胼：当为"骈"，并列。[24] 沤（ōu）：水泡。[25] 轩冕：古时卿大夫的车子和服饰。也指官位爵禄以及显贵的人。这里是形容鲎在泥地里行走的样子像在泥涂中戴冠乘车的贵族。[26] 离象：八卦中《离》卦的卦象，中间为阴爻，两边为阳爻。这里是说鲎的样子中间是柔软的肉，外面是坚硬的壳，像《离》卦一样外刚内柔。又《易传·说卦》里说《离》卦"为鳖、为蟹、为蠃（luǒ）、为蚌、为龟"，亦是说此卦以介类取象，取外刚内柔之象。[27] 毕星：二十八宿里的毕宿。毕宿的样子大致像个捕鸟的长杆网。[28] 允协：确实符合。[29] 常经：永恒的规律。也指通常的行事方式，常规。[30] 古代社会主张"夫倡妇随"（也作"夫唱妇随"），这里是诧异鲎的情况正好相反，雌大雄小，雌行雄随。[31] 俾（bǐ）：使。[32] 觏（gòu）：遇到，见到。[33] 罗敷：汉代乐府诗《陌上桑》中的女主

角，在面对太守调戏时，以“罗敷自有夫”的理由拒绝。（关于诗中的罗敷是否真有丈夫的问题，是文学史上争论不休的话题。本篇赋是取有丈夫的说法，“罗敷之贞”在这里指不背弃丈夫。）[34] 尾生：传说中春秋时期的一个男子，与一女子约定在桥下相会，久候，而女子未到，正赶上涨水，他抱桥柱而死。事见《庄子·盗跖》。[35] 老氏：指古代哲学家老子。[36] 守雌：老子的哲学思想提出“知其雄，守其雌”。这里仅仅是用其字面意思，是说“守住雌性的”。[37] 敝笱（gǒu）：破的竹制的鱼篓。《诗经·齐风·敝笱》里用这一意象来隐喻文姜和齐襄公的不守礼法。这里是比喻捉住雄的，雌的就像文姜背叛鲁桓公一样离开。[38] 垄断：独占。语出《孟子·公孙丑下》：“必求垄断而登之，以左右望而网市利”。[39] 饕（tāo）：贪吃。[40] 觇（chān）：窥视，观测。[41] 逐鹿：《史记·淮阴侯列传》里用“秦失其鹿，天下共逐之”比喻争夺帝位。后人用它表示争夺统治权。[42] 钓鳌：比喻抱负远大或举止豪迈。[43] 多子之贻患：我国古代有“多子多福”的观念，这里反用其意，说鲎产那么多的子，反而这时候被人捕捉，给自己带来了祸患。[44] 桔（jié）：吊。此处“桔”字也有可能是“梏”字误写。[45] 弢（tāo）：束缚，禁锢。[46] 殽（yáo）：同“肴”。[47] 泉货：指钱币。新莽时期，管钱叫“泉”，后代指钱币。[48] 鸾刀：刀环有铃的刀，古代祭祀时割牲用。有时也指厨师用的刀。[49] 俦（chóu）：伴侣。[50] 苌弘之血：传说周朝苌弘被冤杀，三年后他的血变成了碧绿色。[51] 刳（kū）孕妇之膏：剖开孕妇的肚子取出胎儿，传说中纣王的三大恶行之一。[52] 臀无肤：本是《易经》中《姤》卦第三爻的爻辞。这里仅仅用其字面含义。[53] 斫（zhuó）胫：砍断小腿骨，传说中纣王的恶行之一。这里也是仅仅用其字面含义。[54] 霜螯：蟹到霜降季节才肥美，所以称这时所产螃蟹的蟹螯为“霜螯”。[55] 小鲜之一烹：化用《老子》第六十章“治大国若烹小鲜”的语句，但仅表达“烹制小鱼”这个字面意思。[56] 中馈：酒食。[57] 连朝（zhāo）：连日。[58] 却窾（xì kuǎn）：空隙。“却”通“郤（xì）”。[59] 沃：浇。[60] 琬琰（wǎn yǎn）：玉液，指调味的醋、酱等。[61] 芳苾（bì）：芬芳。[62] 溪毛：溪边的野菜。语出《左传·隐公三年》：“苟有明信，涧溪沼沚之毛……可荐于鬼神，可羞于王公。”[63] 縻（mí）躯：粉碎的身躯。[64] 瓿（bù）：小瓮。[65] 实：充实，填满。[66] 旨蓄：贮藏的美好食品。语出《诗经·邶风·谷风》。[67] 卜夜：指饮宴等进行了一整夜。语出《左传·庄公二十二年》和《晏子春秋·杂上》。[68] 酕醄（máo táo）：大醉的样子。[69] 易牙：春秋时的一个厨师，擅长制作美味，曾经把自己的儿子烹制了给齐桓公品尝。[70] 箸（zhù）：筷子。[71] 肥甘味少，酸辛味多：双关语，系感慨生活艰辛。

译文

张汉翁非常详细地讲述了鲎的形状以及制作肉酱肉片的方法，说鲎刚出生的时候像豆，渐渐像盏，到三四个月才大得像钵盂。壳分作前后两截，由筋膜连着，可以屈伸。前一半像半片剖开的葫芦，而两边缺口的地方呈月牙状，有三道纵纹、六根直刺。两泡两点，是它的眼睛。雌鲎到秋后产卵，眼睛明亮而有光，渔夫难以捕捉到。后半截像巨蟹，又硬又厚，中间有一道纵纹，三根刺在两旁，壳边各有八根刺，每边又伸出长刺各六根，都是活动的。尾巴又硬又锋利，列刺作三棱形，跟身长相等，也能摇曳着自卫。腹下藏着脚，左右各六只，像脚又不是脚，又都分两叉，像螯的形状。末尾两只大脚像人的手指一样分作五个叉，变幻尤多。每只脚都绕在嘴旁，在腹部中心像一簇针一样聚集着。后半壳下有一层膜覆盖着软肉，叶各五片，像虾有脚，借以游泳。肠子仅一直条且非常短，没有胃等内脏。它的背部呈黑绿色，腹下及爪足呈黑紫色。雌的满腹都是卵，卵像小绿豆但颜色是黄的，它的脂肪是沉香色的，血液是蓝色的。剪鲎是有方法的，必须先取出它的肠子，不能让它破了，然后一节一节解开。如果肠子破了，鲎肉稍微沾上了里面的污秽之物，就变得臭恶不堪，不能吃了。在水里雌雄相互背负着，在陆地则雌雄相互追逐。雌的体形大而雄的体形小，捕捉的人一定得先捉雌的，则雄的还会留在原地不跑，如果先捉雄的，则雌的就跑了。出售的人把雌的和雄的夹在一起，用竹条绑着拿到市场上卖。浙江的温州、台州和福建、两广都出产，夏末的时候产出最多。腌藏它的肉和卵，用酒泡制，风味甚佳。把它的血调水蒸，凝固之后像蛋羹一样。它的脚的末端白肉非常脆，鲜嫩而味美。尾巴间的精白肉拌着辣椒和醋生吃，味道胜过鱼片，食用之后忌饮茶。从未吃过的人看到它的样子吓人，大多害怕得不敢动筷子，吃惯了的人总是心生羡慕而喜欢吃。也有身体状况不适合的人，吃了不是哮喘就是腹泻，只有腌制时间长的吃了没事。腌制它的汁可以治愈心痛不止，肉能治疗痔疮，杀体内寄生虫。我记录下来，并把《鲎赋》附在后面。

鲎赋

天上飞的，水里游的，动物植物，充满整个宇宙。海里有种介虫，它的名字叫“鲎”。身体卧倒，团着肩膀，前面像带有缺口的水瓢；张着翅膀，摇着尾巴，后面像将士的铁胄。后背虽然分别有两只眼睛，但看不出来眼眸；腹部白白拥有那么多只脚，却总是有些佝偻。在浩瀚的大海里游荡啊，混杂于玳瑁和鱽鲦之间；在盐渍污浊的泥上缓缓行动啊，奴役蟛蜞而与蝤蛑做朋友。长得小的，有杯和碗大小；长得大的，有盘子笼子的个头。它们共同生长，月下风中，情义相投。相互倚靠啊，好比蛩虫等待蟨来背负；互相匹配啊，不同于水母载着虾四处漂游。所以陆行的时候留下并列的足迹，水中嬉戏时喷出的泡沫也成双成偶。在泥滩里，好像乘车戴冕，弯着腰而善于快走；在风波中，好像身披铠甲，虽然有雄心而不发出怒吼。好像从来没长一副刚肠，那又何必烦劳这张利口。生性符合《离》卦的卦象，外面阳刚而内里阴柔；外形好像天上的毕宿，身体前部丰满而锐利的钢针长在身后。确实符合日常的道理，最宜成为佳偶。可为什么主事而又长得壮的是雌的，雄的反而唯命是从又弱又瘦？为什么顺逆这么颠倒，让大小都变得乖谬？捉住雄的，则雌的就逃跑不见了；捉住雌的，则雄的痴情留守。逃跑的失去了罗敷一样的忠贞，留下的则重复了尾生的愚陋。所以，赶上去踩住它，要学习老子所说的“守雌”之法；偷偷地捉住它，总会提起《诗经》里讽刺文姜的破鱼篓。于是这生活在鲛蜃之居的老者和少年，垂涎于它的美味，想要独享，用尽全力，想吃个饱。窥测到它产卵充足的夏季，唯恐它秋天里产完卵就在波涛里遁逃。乘着风云捕捉它，气势仿佛群雄逐鹿；越过沧海寻找它，感觉如同去钓巨鳌。痛心于想一身轻松地逃跑而未能实现，感叹于这样的大祸在劫难逃。伤心啊，产这么多子反而给自己带来了祸患；后悔呀，因为贪欢而没能逃之夭夭。而且又被双双吊起，两两联合绑牢。市场上把它储存起来视为稀缺的货物，宴席中将它看作味美的佳肴。商人把它卖出好价钱，厨师急忙拿起菜刀。总抱在一起的伴侣被劈开分离，那情态如此惨切，冤魂长号。它流出了传说中苌弘一样的“碧血”，那腥味仿佛纣王剖开孕妇肚子取出胎儿观瞧。剥得臀部没有皮肤，光洁的肉超过了雪白的鱼片；斩断它的腿，里面有碎肉，清香的味道赛过秋天的蟹螯。剖取它一串串的卵，好像连缀的珠子和丝絮；断开它一缕缕的肌肉，剔开皮肤取出脂膏。试着像小鱼一样烹饪一盘，就会成为下酒的美食天天难以割舍；一旦找不到宰割的缝隙，烹制不当，食用者会引发哮喘而发出咆哮。像这样，浇上清香的玉液，拌上芬芳的野菜，捣碎的躯体聚集在瓮中做成肉酱，碎裂的头颅充满了用来腌渍的酒糟。充作抵御冬天而贮存的好食品，供整夜饮宴时大醉乐陶陶。易牙善于制作美食，都收敛了，说：“人味都尝过了，蛍的味道又能如何？”我扔下筷子起身说道：“肥甘的味道少，酸辛的味道多！”

后 记

《海错图》是我国古代的一部博物学著作，系清代康熙年间杰出画家聂璜所绘制的海洋生物全景图。

“海错”一词，指种类繁多的海产品。汉代大儒孔安国在解释《尚书·禹贡》中“厥贡盐絺，海物惟错”一语时，即言：“错，杂，非一种。”聂璜生于浙，客于闽，游历多方。他将自己所见所闻的各种海洋生物三百余种，精心绘制成图，又撰文详细加以考辨、解说，并配上了精彩的四言赞语。名之为“海错图”，可谓恰如其分。可以说，这是一部兼有科学价值、艺术价值、文学价值和史料价值的奇书。

当然，由于时代的局限，《海错图》中有许多在今天看来浅陋可嗤的知识性错误，聂璜把一些神话传说以及志怪小说里的情节都当作“化生”之说的证据。这些他自己看来能够逻辑自洽的论证在现代科学面前实在是不堪一击。不过，我们可以自问：假如我们生活在康熙年间，能比聂璜看得更深更远吗？站在三百年后回望那个时代的作品，评价祖先的智慧，不宜盲目吹捧，也不应肆意贬低。妄自尊大与妄自菲薄，都不是文化自信应有的态度。

或许是为了画面的完美，《海错图》中的文字无一处勾抹涂改，即便是非常明显的错字，亦将错就错。在点校、注释时，笔者尽可能将书中的错误加以简要辨析，但由于篇幅所限，有些错讹之处便径自改正，未一一说明。原图中文字历历可见，感兴趣的读者朋友也可以自行考证辨析。

感谢天津人民出版社为本书的出版所付出的辛勤劳动，感谢海洋生物专家李新正先生为本书倾情作序，感谢恩师富金壁先生对书稿提出的宝贵意见。

由于《海错图》是世间孤本，并无其他版本可资校阅，也无前人著述可供参考，再加上笔者学识有限，故而疏漏之处在所难免，恳请广大读者与各位方家多多指正。至于书中极个别语义未明的字句，则未敢妄译，姑且借用聂璜的话——“存疑以俟辨者”吧。

《海错图》自雍正四年入藏清宫，几经乱离，而今所幸原书无损，但全书四册却分存两处：前三册收藏于北京故宫博物院，第四册收藏于台北“故宫博物院”。由于条件所限，本书暂时只完成了前三册的译注工作，这不能不说是个遗憾。而百年兴衰荣辱，中国文物的离合悲欢，又岂独《海错图》为然？惟愿祖国早日统一，祝《海错图》早日合璧！

刘 斌

己亥七月初九日于冰城守痴轩

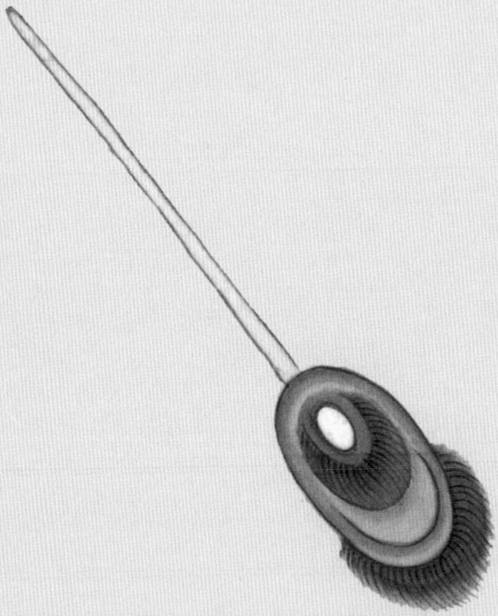

海错图译注（全三册）

责任编辑	陈　烨	美术编辑	汤　磊
	王昊静	装帧设计	陈淑颖
特约编辑	支大朋	版式设计	徐　晴